技工院校建筑类专业教材
职业院校建筑类专业教材

建筑电气设备安装工艺

田敏霞◎主编

中国劳动社会保障出版社

简介

本教材为技工院校建筑类专业教材、职业院校建筑类专业教材，介绍了常用建筑电气设备的安装工艺，包括电工基本操作、配电线路施工、照明装置安装、电力拖动设备安装，以及防雷及接地装置施工等主要内容。教材每章后设置了"思考练习题"，帮助学生巩固所学内容。本教材配有电子课件，可登录技工教育网（https://jg.class.com.cn）在相应的书目下载。

本教材由田敏霞任主编，朱军、代晗任副主编，金小娟、李晓敏、张雪文参加编写。

图书在版编目（CIP）数据

建筑电气设备安装工艺 / 田敏霞主编 . -- 北京：
中国劳动社会保障出版社，2024. --（技工院校建筑类专
业教材）（职业院校建筑类专业教材）. -- ISBN 978-7
-5167-6692-7

Ⅰ. TU85

中国国家版本馆 CIP 数据核字第 20245VW159 号

中国劳动社会保障出版社出版发行

（北京市惠新东街 1 号　邮政编码：100029）

*

保定市中画美凯印刷有限公司印刷装订　　新华书店经销

787 毫米 ×1092 毫米　16 开本　15.25 印张　339 千字
2024 年 12 月第 1 版　　2024 年 12 月第 1 次印刷

定价：**37.00** 元

营销中心电话：400-606-6496
出版社网址：https://www.class.com.cn
https://jg.class.com.cn

前言
PREFACE

近年来，我国建筑行业进入了新的发展阶段。基于对当前建筑行业技能型人才需求及职业院校教学实际的调研分析，我们组织开发了这套全国职业院校建筑类专业教材，分为"建筑施工""建筑设备安装""建筑装饰"和"工程造价"四个专业方向。教材的编审人员由教学经验丰富、实践能力强的一线骨干教师和来自企业的设计、施工人员组成。

在本次教材开发工作中，我们主要做了以下几方面工作：

第一，突出教材的实用性。在"适用、实用、够用"的原则下，根据建筑行业相关企业的工作实际和相关院校的教学需要安排教材结构和内容，设计了大量来源于生产、生活实际的案例、例题、练习题和技能训练，引导学生运用所学知识分析和解决实际问题，教材体系合理、完善，贴近岗位实际与教学实际。

第二，突出教材的先进性。根据当前建筑行业对岗位知识与技能的实际需求设计教学内容，贯彻新标准。例如，在相关教材中全面贯彻《混凝土结构施工图平面整体表示方法制图规则和构造详图（现浇混凝土框架、剪力墙、梁、板）》（22G101—1）和《建设用砂》（GB/T 14684—2022）等最新图集和国家标准，《建筑CAD》以新版的AutoCAD软件作为教学软件载体等。此外，新材料、新设备、新技术、新工艺在相关教材中也得到了体现。

第三，突出教材的易用性。充分保证教材的印刷质量，全部主教材均采用双色或四色印刷，图表丰富，营造出更加直观的认知环境；设置了"想一想"和"知识拓展"等栏目，引导学生自主学习；教材配套开发了习题册参考答案和电子课件，可登录技工教育网（https://jg.class.com.cn）在相应的书目下载。

本套教材在编写过程中，得到了智能制造与智能装备类技工教育和职业培训教学指导委员会及一批职业院校的大力支持，教材的编审人员做了大量的工作，在此，我们表示诚挚的谢意！同时，恳切希望用书单位和广大读者对教材提出宝贵意见和建议。

编者

目录
CONTENTS

第一章

电工基本操作

　　电工基本操作是建筑类电工的最基本技能。本章介绍的电工基本操作技能，结合了建筑电气设备安装和施工过程中的安全操作规程，主要包括安全用电知识、常用电工工具、常用电工仪表及选用、常用导线连接等内容。学习本章知识和技能是完成后续课程的基础。

第一节　安全用电知识

　　随着社会的发展，看不见、听不到、闻不着、摸不得、隐蔽性强的电能应用日益广泛，发生用电事故的概率也相应增加。保证建筑施工用电安全的有效措施是学习安全用电基本知识及掌握常规触电防护技术。

一、电气安全

1. 人体电阻与安全电压

（1）人体电阻

　　人体电阻包括皮肤电阻和内部组织电阻两部分。皮肤电阻主要由角质层决定，角质层越厚，电阻值就越大。皮肤在干燥、洁净、无破损的情况下，电阻可以高达几千欧，而潮湿的皮肤，特别是有破损的皮肤，其电阻可降至 1 000 Ω 以下。人体内部组织的电阻是固定不变的，与接触电压和外部条件无关，一般为 500 Ω 左右。人体的电阻值还与接触电压高低、触电时间长短及与带电体接触面积、压力、周围环境湿度等因素有关，通常取 800 ~ 2 000 Ω。

　　不同条件下的人体电阻见表 1–1。

表 1-1　　　　　　　　　　　　　不同条件下的人体电阻

接触电压 （50 Hz 交流值，V）	人体电阻（Ω）			
	皮肤干燥	皮肤潮湿	皮肤湿润	皮肤浸入水中
10	7 000	3 500	1 200	600
25	5 000	2 500	1 000	500
50	4 000	2 000	875	440
100	3 000	1 500	770	375
250	1 500	1 000	650	325

（2）电压对人体的影响

按国家标准《特低电压（ELV）限值》（GB/T 3805—2008）规定，对于频率为 50~500 Hz 的交流电来说，安全电压的额定值分为 42 V、36 V、24 V、12 V 和 6 V 等五级。

当人体接触电压后，随着电压的升高，人体电阻会有所降低。若人体接触了高电压，则会导致皮肤受损破裂而使人体电阻下降，通过人体的电流也就会随之增大。电压对人体的影响及允许接近的最小安全距离见表 1-2。

表 1-2　　　　　　　　　电压对人体的影响及允许接近的最小安全距离

接触时的情况		允许接近的安全距离	
电压（V）	对人体的影响	电压（kV）	设备不停电时的安全距离（m）
10	全身在水中时跨步电压界限为 10 V/m	10 及以下	0.7
20	湿手的安全界限	20~35	1.0
30	干燥手的安全界限	44	1.2
50	对人的生命无危险界限	60~110	1.5
100~200	危险性急剧增大	154	2.0
200 以上	对人的生命产生威胁	220	3.0
1 000	被带电体吸引	330	4.0
1 000 以上	有被弹开而脱险的可能	500	5.0

2. 电流对人体的影响

电流对人体的影响是多方面的，其热效应会造成电灼伤，其化学效应会造成电烙印及皮肤金属化，其电磁辐射会使人头晕、乏力及神经衰弱等。电流对人体伤害的程度与通过人体电流的大小、频率、路径、持续时间及人体的电阻大小等多种因素有关。

（1）电流大小的影响

通过人体的电流越大，人体的生理反应就越强烈，引起心室颤动所需的时间就越短，危害就越大。按照通过人体电流的大小和人体所呈现的状态不同，可将预期通过人体的工频交流电流分为 3 个级别。

1）感知电流。感知电流是指引起人体感觉的最小电流。成年男性的平均感知电流为 1.1 mA 以下，成年女性为 0.7 mA 以下。感知电流一般不会对人体造成伤害，但电流增大时，感觉明显增强，反应变大，可能造成坠落等间接事故。

2）摆脱电流。人体触电后能自行摆脱带电体的最大电流称为摆脱电流。成年男性与成年女性的摆脱电流范围分别为 1.1 ~ 16 mA、0.7 ~ 10 mA。

摆脱电流是人体可以忍受、尚未造成不良后果的电流。电流超过摆脱电流以后，人体会感到异常痛苦、恐慌和难以忍受，如果时间过长，则可能导致昏迷、窒息，甚至死亡。因此，可以认为摆脱电流是人体承受危险电流的上限。

3）致命电流。通过人体引起心室发生纤维性颤动、危及生命的最小电流称为致命电流。人体电击致死的原因是比较复杂的。在高压触电事故中，可能因为强电弧或很大的电流导致烧伤使人死亡。在低压触电事故中，可能因为心室颤动，导致窒息时间过长使人死亡，一旦发生心室颤动，数分钟内即可导致死亡。成年男性、成年女性的致命电流分别为 16 mA 以上、10 mA 以上。

（2）电流频率的影响

一般认为 40 ~ 60 Hz 的交流电流对人体最危险。随着频率的增加，危险性有所降低。当电流频率大于 20 kHz 时，所产生的损害明显减小，但是高频高压的电流对于人体却是十分危险的。

（3）电流持续时间的影响

我国电力系统交流电源频率为 50 Hz，其相应电流称为工频电流。工频电流持续时间对人体的影响见表 1–3。电流持续时间越长，危险性就越大。随着电流持续时间的延长，人体电阻会不断下降。若接触电压不变，则流经人体的电流必然增加，电击的危险性随之增大。

表 1–3　　　　　　　　　　　　工频电流持续时间对人体的影响

电流（mA）	电流持续时间	生理效应
0 ~ 0.5	连续通电	没有感觉
0.5 ~ 5	连续通电	开始有感觉，手指、手腕等处有麻感，没有痉挛，可以摆脱带电体
5 ~ 30	数分钟以内	痉挛，不能摆脱带电体，呼吸困难，血压升高，是可以忍受的极限
30 ~ 50	数秒至数分钟	心脏跳动不规则，昏迷，血压升高，强烈痉挛，时间过长即引起心室颤动

续表

电流（mA）	电流持续时间	生理效应
50～数百	低于心脏搏动周期	受强烈刺激，但未发生心室颤动
	超过心脏搏动周期	昏迷，心室颤动，接触部位留有电流通过的痕迹
数百以上	低于心脏搏动周期	在心脏易损期触电时，发生心室颤动，昏迷，接触部位留有电流通过的痕迹
	超过心脏搏动周期	心脏停止跳动，昏迷，可能致命

（4）个体特征的影响

身体健康、肌肉发达者的摆脱电流较大，室颤电流与心脏质量成正比，患有心脏病、中枢神经系统疾病、肺病的人遭电击后的危险性较大，精神状态、心理因素对电击的后果也有影响。女性的感知电流和摆脱电流约为男性的2/3，儿童遭受电击后的危险性更大。

（5）电流途径的影响

电流流过心脏，会引起心室颤动直至心脏停止跳动而导致死亡；电流流过相关部位，会引起中枢神经强烈失调而导致死亡；电流流过头部，会严重损伤大脑，亦可使人昏迷不醒而死亡；电流流过脊髓，会导致截瘫；电流流过人的局部肢体，亦可能引起中枢神经强烈反射而导致严重后果。

不同电流途径对人体的影响可粗略用心脏电流因数（数值越大越危险）来衡量，见表1-4。从表1-4中可以看出，胸至左手、胸至右手、双手至双脚、单手至单脚、单手至双脚是最危险的途径。除表中列举的各种途径以外，头至手、头至脚、左脚至右脚的电流途径也相当危险，这些途径还可能使人站立不稳而导致电流通过全身，大幅度增加电击的危险性。局部肢体电流途径的危险性较小，但可能引起中枢神经强烈反射而导致严重后果，或造成其他的二次事故。

表 1-4　　　　　　　　　　　　　　　心脏电流因数

电流途径	心脏电流因数	电流途径	心脏电流因数
左手至左脚、右脚或双脚	1.0	背至右手	0.3
双手至双脚	1.0	胸至左手	1.5
右手至左脚、右脚或双脚	0.8	胸至右手	1.3
左手至右手	0.4	臀部至左手、右手或双手	0.7
背至左手	0.7		

二、触电形式与原因

触电是指电流流过人体时对人体产生的生理和病理伤害。常见的几种触电形式见表 1-5。

表 1-5 常见的几种触电形式

触电形式		图示	说明
直接触电	单相触电	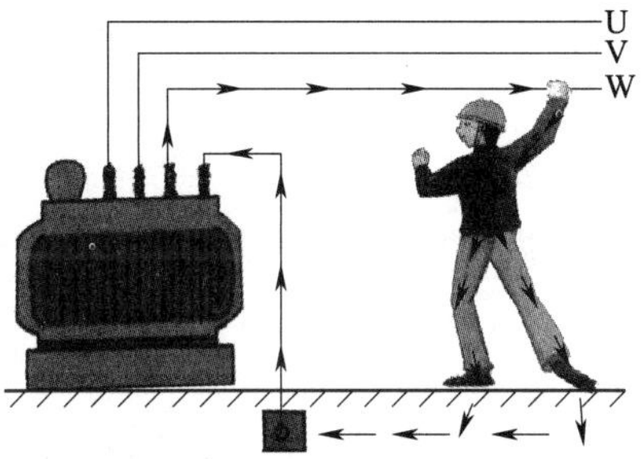	当人站在地面上或其他接地体上，人体的某一部位触及一相带电体时，电流通过人体流向大地（或中性线），称为单相触电。若人体与高压带电体的距离小于规定的安全距离时，高压带电体将对人体放电，造成触电事故，这也称为单相触电
	两相触电	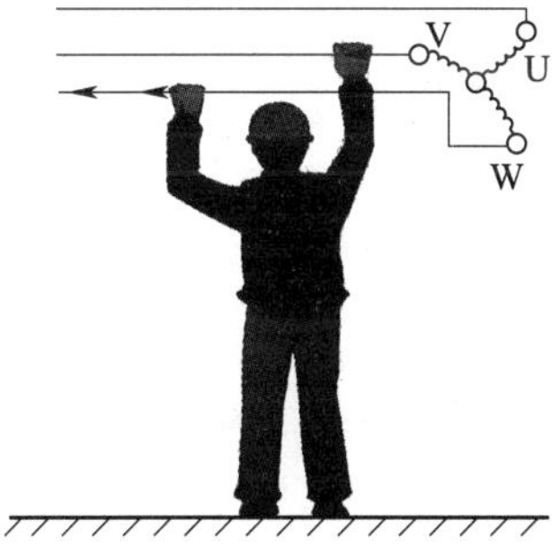	两相触电是指人体有两处同时触及两相带电体，或在高压系统中，人体与高压带电体的距离小于规定的安全距离，造成电弧放电时，电流从一相线经人体流入另一相线。两相触电加在人体上的电压为线电压，因此不论电网中性点接地与否，其触电的危险性都最大
间接触电	跨步电压触电		当电源相线或运行中的电气设备由于绝缘损坏或其他原因造成接地短路故障时，接地电流通过接地点向大地流散，在以接地点为中心，20 m 为半径的范围内形成分布电位。人站在接地点周围，两脚之间（按 0.8 m 计算）的电位差称为跨步电压。由此引起的触电事故称为跨步电压触电。跨步电压的大小取决于人体站立点与带电体接地点间的距离。距离越小，跨步电压越大；当距离超过 20 m 时，可以认为跨步电压为零，不会发生触电

造成触电事故和电火灾事故的原因主要有人为原因和电气设备原因。人为原因包括缺乏安全用电知识，对安全用电不重视，存在麻痹大意和侥幸心理，不遵守电气设备安装、检修、运行规程和安全操作规程。电气设备原因包括电气线路、电气设备安装维护不良，绝缘老化，电气设备接地安装不当或损坏。

三、建筑电工安全操作规程

电工作业人员必须经专业安全技术培训，考试合格，取得建筑施工特种作业人员操作资格证书，方可上岗作业，否则严禁从事电气作业。

1. 电工操作前的预防措施

电工作业应穿绝缘鞋，戴绝缘手套，严禁酒后作业。现场电气设备和线路必须遵照有关电气要求架设，在建工程的外侧边缘与外电架空线路的安全距离符合要求，否则应实行封闭并设置醒目的警告标志。施工现场生活用电和工作用电应分开回路，电工高处作业时应有专人看护，并使用安全带，不准在作业梯上抛掷物品。维修作业时应断开电源，确认断电后在开关显眼位置悬挂"有人工作、禁止合闸"的警示牌，并坚持"谁挂牌谁摘牌"的原则。电气设备检修安装时，一般不准带电操作，遇特殊情况需带电作业时，必须划出禁区，并有专人看护，带电操作时，应戴好绝缘手套，穿好绝缘鞋，并站在绝缘垫上。

2. 施工现场安全用电规程

施工现场安全用电规程见表1-6，相关人员应自觉遵守，做到以防为主。

表 1-6　　　　　　　　　　　　　施工现场安全用电规程

项目	规程说明
送电要求	送电前检查工作回路，确保连接点牢固，没有短路等故障，接地线已拆除，现场工具杂物等已清除干净，人员安全撤离后方可送电。试送电前，应关闭配电箱（柜）门，并侧身操作，不正面面对柜门
现场配电设备接地	施工现场采用TN-S接零保护系统，系统中专用保护零线（PE线）是一条生命和财产安全的保护线。该线在总剩余电流保护器之后不得与N线之间再做电气连接，接地保护线颜色必须保证黄/绿双色，与相线和零线严格区分。现场配电设备所用垂直接地体不能用螺纹钢，可以用角钢、扁钢、光面圆钢、钢管等。现场所有接地均应可靠连接
三级配电	施工现场的配电系统应设置总配电箱（板）、分配电箱、开关箱，实行三级配电，所有配电箱均应有防雨措施，门锁齐全，有触电危险标记。现场控制设备的开关箱必须做到一机一闸一漏电保护，动力线路和照明线路应分别设置开关箱，并与其控制设备的水平距离不超过3m。送电操作顺序为总配电箱→分配电箱→开关箱，断电顺序相反
漏电保护	施工用电至少应在总配电箱和开关箱中分别设置漏电保护。现在大多数工地都做到了三级配电、三级漏电保护，当开关箱内剩余电流保护器动作失灵时，分配电箱内的漏电保护可以起到补救作用，大大提高用电的安全性和可靠性

3. 防止触电的措施

常见防止触电的措施见表1-7。

表 1-7　　　　　　　　　　　　常见防止触电的措施

防范措施	说明
隔离	电气设备检修安装时，一般不准带电操作，遇特殊情况需带电作业时，必须划出禁区隔离，并安排专人看护
绝缘	工作时，戴好绝缘手套，穿好绝缘鞋，并站在绝缘垫上
保护接地	用导线和接地体将电气设备不带电的金属外壳与大地连接起来，使其保持与大地等电位。这样即使电气设备内部有绝缘损坏情况，其漏电电流也会通过接地系统流入大地，人体接触后不会发生触电危险
漏电保护	在电气设备线路上安装剩余电流保护器，当电气设备漏电导致其金属外壳出现大于规定值的漏电电流时能立即切断电源，起到防范作用
安全电压	在潮湿环境中，应尽量使用交流 36 V 及以下的安全电压供电，即使有漏电发生，产生的电流也在安全范围内，流过人体不足以引起危险

 想一想

　　安全电压是多少？防止触电的措施有哪些？你有过触电的经历吗？请分析触电的原因。

四、触电现场的救护

当发生触电事故时，电工应当积极参与现场救护。触电现场救护过程如下：

1. 使触电者迅速脱离电源

使触电者脱离电源的方法见表 1-8。

表 1-8　　　　　　　　　　　　使触电者脱离电源的方法

方法	图示	说明
剪断电源线	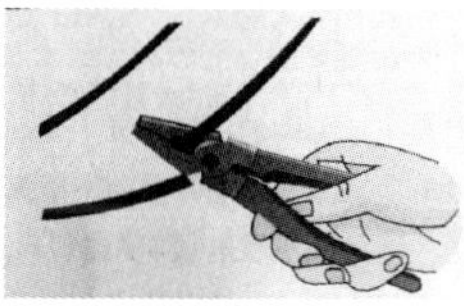	用绝缘良好的工具切断电源线，注意防止切断的导线引起二次触电
就近关断电源	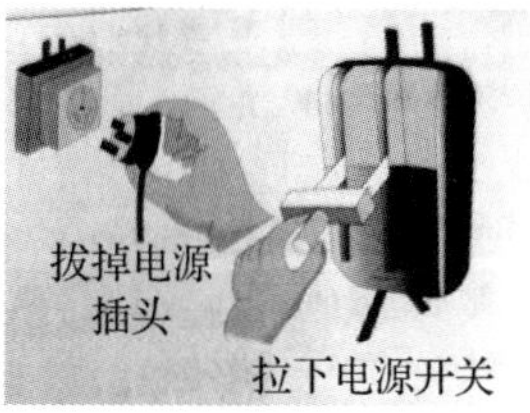 拔掉电源插头　拉下电源开关	出事地点附近有电源开关或电源插头时，迅速拉下电源开关或拔掉电源插头

方法	图示	说明
挑开带电导线	 用干燥的木棍挑开电线	用干燥、绝缘的物体（木棒、竹竿、绝缘手套等）挑开触电者身上的电线

2. 现场诊断与救护

当触电者脱离电源后，除及时拨打120急救电话外，还应进行必要的现场诊断和救护，直至医务人员到来为止。若触电者呼吸停止，但心脏还在跳动，应立即采用人工呼吸法救护；若触电者虽有呼吸，但心脏停止跳动，应立即用人工胸外心脏挤压法救护；若触电者无心跳、无呼吸、无意识，应同时进行心肺复苏。现场诊断与救护的方法见表1-9。

表1-9　　　　　　　　　　　　　现场诊断与救护的方法

方法	图示	操作及要求
简单诊断	 仰卧 　听呼吸 　观察瞳孔 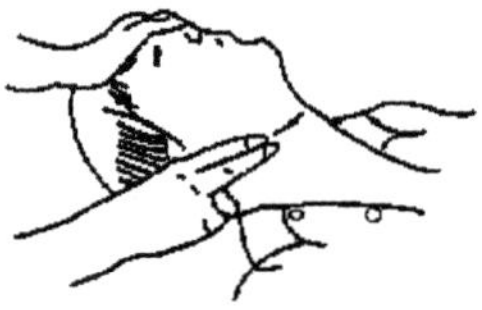　触摸颈动脉	将脱离电源的触电者迅速移至通风、干燥处，使其仰卧，松开衣扣和裤带。侧看触电者的胸部、腹部有无起伏症状约10 s，听触电者心脏跳动的情况和口鼻处的呼吸声响，触摸触电者喉结旁凹陷处的颈动脉有无搏动，观察触电者的瞳孔是否放大
口对口人工呼吸	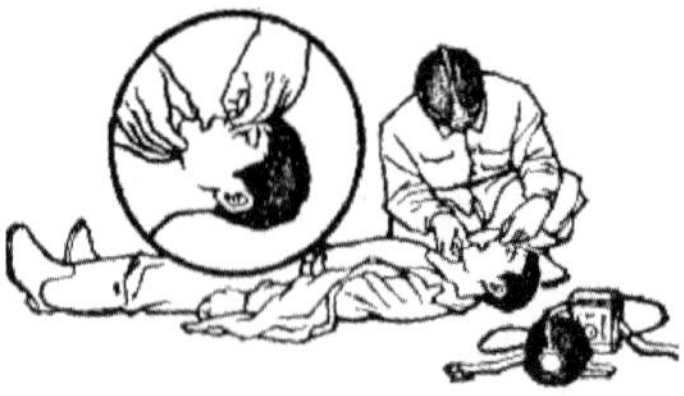 清理口腔防阻塞	使触电者仰卧平躺，颈部上抬，松开衣扣和裤带，清除触电者口腔中的异物。急救者跪在触电者的侧面，并使触电者的鼻孔朝天后仰，用一只手捏紧触电者鼻子，另一只手托在触电者的颈后，将颈部上抬。急救者先深吸一口气，然后紧贴触电者的嘴，大口吹气，同时观察触电者胸部是否隆起，以确定吹气是否有效

续表

方法	图示	操作及要求
口对口人工呼吸	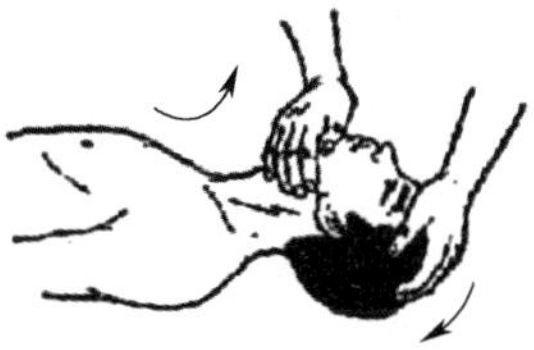 鼻孔朝天头后仰  贴嘴吹气胸扩张  松开口鼻换气畅	吹气停止后，急救者松开捏着触电者鼻子的手，让气流从其肺部排出，此时应注意倾听触电者呼气声，观察胸部复原情况。如此反复进行，每分钟吹气12次，每5 s吹1次，不间断进行，直到触电者苏醒为止。当触电者嘴巴张不开时，也可采用口对鼻人工呼吸
胸外心脏按压	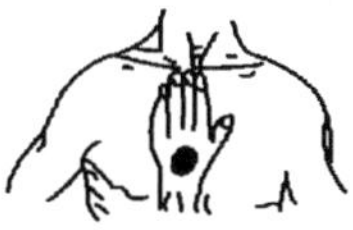 手的位置 　　用手按压 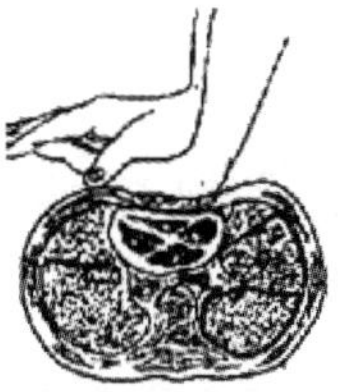   放松	将触电者仰卧平躺在硬板或地面上，松开衣扣和裤带，急救者跪在触电者腰部，将右手掌根部按于触电者胸骨1/2处，中指指尖对准其颈部凹陷的下缘，左手掌复压于右手背上，肘关节伸直，以髋关节为支点，利用上身力量，掌根垂直用力下压5 cm（成人），然后突然放松。挤压和放松的动作要有节奏，按压速率为100次/min，不间断进行，直到触电者苏醒为止

续表

方法	图示	操作及要求
心肺复苏		若触电者心跳、呼吸全停止，则需要进行心肺复苏操作。如果两人操作，每 5 s 吹气 1 次，每分钟向下按压 100 次，二者同时进行；如果单人操作，先吹气 2 次，然后立即按压 30 次，按压和吹气次数比为 30 : 2，反复进行，直到触电者苏醒为止

特别提醒

1. 对触电者用药或注射针剂，应由有经验的医生诊断确定；禁止使用冷水浇淋等办法刺激触电者心脏，否则可能会使其因急性心力衰竭而死亡。

2. 心肺复苏应在现场就地进行，不要为方便而随意移动触电者，确实需要移动时，抢救中断时间不应超过 30 s。

3. 触电者处于假死状态时，大脑严重缺氧，瞳孔放大，处于死亡边缘，但仍需进行抢救。

想一想

电流多大时会危及人身安全？

五、电气防火与防爆

电气设备发生火灾有两大特点：一是当电气设备着火或引起火灾后没有与电源断开，设备仍然带电；二是有的电气设备本身充油（例如电力变压器、油断路器等），发生火灾时，可能发生喷油甚至爆炸事故。

电气火灾和爆炸事故具有发生概率大、蔓延速度快、损失严重等特点，做好防火防爆工作非常重要。

1. 电气火灾和爆炸的原因

（1）电气设备过热

电气设备运行会发出热量，当电气设备的正常运行遭到破坏时，或者电气设备设计、安装、维护不当，导致散热不良，则发热量增加，温度升高，在一定条件下会引起火灾。引起电气设备过度发热的不正常运行情况有短路、过载、接触不良及散热不良等。

电气设备运行时超载、电气设备自身的缺陷、电气设备损坏、焊接过程的火花飞溅，以及施工现场违规使用的电器，都是电气火灾的火源。

（2）产生电火花和电弧

电火花由电极间击穿放电形成，电弧由大量密集的电火花汇集而成。

一般电火花和电弧的温度都很高，特别是电弧，其温度可高达 3 000～6 000 ℃。因此，电火花和电弧不仅能引起可燃物燃烧，还能使金属熔化、飞溅，构成危险的火源。在有爆炸性危险的场所，电火花和电弧更是十分危险。

（3）违反安全操作规程

在带电设备、变压器、油开关等附近使用喷灯，在火灾与爆炸危险场所使用明火，在可能发生火灾的场所用汽油擦洗设备等，都属于违反安全操作规程的操作，容易引发电气火灾和爆炸。

2. 电气火灾和爆炸的预防

（1）防火防爆安全管理制度

1）建立防火防爆知识宣传教育制度。

2）建立定期消防技能培训制度。

3）建立现场明火管理制度。

4）建立易燃易爆材料库房管理制度。

5）建立定期防火检查制度。

（2）电气设备防火防爆预防措施

1）要严格按规定选用与电气设备用电负荷相匹配的开关、电器，线路的设计与导线的规格也要符合规定。

2）合理选用保护装置。

3）电源开关使用的熔体额定电流不应大于负荷的 50%，更不得用铁丝、铜丝、铝丝等替代。

4）使用电炉、电烙铁等电热工器具时，必须遵守有关安全规定和要求。

5）不得乱拉临时电源线，严禁过多地接入负荷，禁止非电工拆装临时电源、电气线路设备。

6）电气设备要严格按性能运行，不准超载运行，经常进行检修保养，并保持通风良好。

7）屋外变、配电装置与建筑物、堆场之间的防火间距应符合要求。

8）在易燃易爆场所使用电气设备时，应符合防火防爆要求，并采取防止着火、爆炸等安全措施。

9）变配电所的耐火等级要根据变压器的容量及环境条件调整，提高耐火性能。

3. 电气火灾的扑救

根据电气火灾的特点，扑救时必须依据实际情况，采取对应的措施。

（1）切断电源

当发生电气火灾时，若现场尚未停电，首先应想办法切断电源，这是防止电气火灾范围扩大和避免触电事故的重要措施。切断电源要注意以下几个方面：

1）若线路带有负荷，应先断开负荷，再切断火场电源。

2）要恰当选择切断电源的地点，防止切断电源后影响灭火工作和扩大停电范围。

3）火灾发生后，由于受潮或烟熏，开关设备的绝缘性能会降低，切断电源时，必须使用可靠的绝缘工具，防止发生触电事故。

4）剪断导线时，非同相导线应在不同部位剪断，以免造成人为短路。

5）剪断电源线时，剪断位置应选在电源方向的瓷绝缘子附近，以免线头下落时发生接地短路或触电伤人事故。

6）高压时，应先操作高压断路器，而不应先操作隔离开关切断电源；低压时，应先操作低压断路器，而不应先操作隔离开关切断电源，以免引起弧光短路。

（2）灭火器灭火

1）发电机、变压器、配电盘、开关箱、仪器仪表和电子计算机等燃烧时仍旧带电，对应的火灾种类属于 E 类火灾，必须用能达到电绝缘性能要求的灭火器扑灭，如磷酸铵盐干粉灭火器、碳酸氢钠干粉灭火器、卤代烷灭火器或二氧化碳灭火器，但不得选用装有金属喇叭喷筒的二氧化碳灭火器。带电设备电压超过 1 kV 且灭火时不能断电的场所，不应使用灭火器带电扑救。

常用灭火器的使用方法和特点见表 1-10。

2）当用水枪灭火时，宜采用喷雾水枪，因为这种水枪通过水柱的泄漏电流比较小，带电灭火比较安全。

表 1-10 常用灭火器的使用方法和特点

种类	使用方法	特点
水基灭火器	拔掉保险销，握住喷管最前端，往下按压阀，对准火焰根部喷射	水基（水雾）灭火器喷射后成水雾状，瞬间蒸发大量的热量，迅速降低火场温度，抑制热辐射，表面活性剂在可燃物表面迅速形成一层水膜，隔离氧气，从而达到快速灭火的目的
干粉灭火器	使用前上下摇一摇，干粉松了方可使用，其他使用步骤与水基灭火器相同。使用时应垂直操作，切勿横卧或倒置	利用氮气为驱动气体，使筒体内的干粉灭火剂以粉雾状喷出扑灭火焰，具有灭火效率高、速度快、使用灵活、操作方便等特点，不能用于扑救钠、钾等金属的火灾
二氧化碳灭火器	站在火源上风口，喷头向下倾斜45°，按下把手，二氧化碳气体立即喷出，即可灭火；灭油火时，不要直接冲击油面，以免油液激溅引起火焰蔓延；灭火后操作者应迅速离开，以防窒息；扑救电气火灾时，如果电压超过 600 V，切记要先切断电源再灭火	适用于扑救封闭空间内贵重设备、档案资料、仪器仪表、油类、600 V 以下带电设备初起火灾，不能用于扑救钠、钾等碱金属及金属氢化物火灾，也不能扑救自身含有供氧源的一些化合物（如硝酸纤维）的火灾

3）用普通直流水枪灭火时，为防止通过水柱的泄漏电流流过人体，可将水枪喷嘴接地，也可让灭火人员穿戴绝缘手套、绝缘靴或均压服工作。用水枪灭火时，水枪嘴与带电体间的距离应符合以下规定：电压为 110 kV 以下者，应大于 3 m；电压为 220 kV 以上者，应大于 5 m。

4）用二氧化碳灭火器灭火时，喷嘴至带电体的距离应大于 2 m。

5）对架空线路等高空设备灭火时，人体位置与带电体之间的仰角不得超过 45°，以防导线断落时危及灭火人员的安全。

6）为防止跨步电压伤人，带电导线掉落到地面时，要划出一定的警戒区。

（3）带电灭火注意事项

1）充油电气设备的灭火

①充油电气设备外部着火时，可用二氧化碳灭火器、干粉灭火器等灭火。若火势较大，务必立即切断电源，用水灭火。

②若充油电气设备内部着火，除应立即切断电源外，有事故油池的应设法放入油池。灭火可用喷雾水枪，也可用砂子、泥土等。

2）电动机、发电机的灭火

①电动机、发电机等着火时，为防止轴和轴承变形，可让其慢慢转动，用喷雾水枪灭火，并帮助其均匀冷却。

②此外，也可以用二氧化碳灭火器、蒸汽等灭火，但不宜用干粉灭火器、砂子、泥土等灭火，以免损坏电动机、发电机内绝缘。

3）电缆的灭火

①电缆灭火必须先切断电源。灭火时一般常用二氧化碳灭火器，也可用干粉灭火器、砂子、泥土等。

②电缆着火时，在未确认停电和放电前，严禁用手直接接触电缆外皮，更不准移动电缆。必要时，应戴绝缘手套，穿绝缘靴，用绝缘拉杆操作。

③电缆沟、井、隧道内电缆着火时，应先将起火电缆周围的电缆电源切断，再用手提式干粉灭火器、二氧化碳灭火器灭火，也可用喷雾水枪、干砂、黄土（必须干燥）灭火。

④当电缆沟内电缆较少而距离较短时，可将两端井口堵住封死窒息灭火。

⑤当电缆沟内火势较大，一时难以扑灭时，先切断电源，再向沟内灌水，直到用水将着火点封住，火便会自行熄灭。

 想一想

1. 容易引起火灾的火源有哪些？怎样应对？

2. 拨打火警电话要讲清哪些内容？怎样正确使用消防灭火器材？

技能训练

1. 模拟现场触电救护的操作，并用心肺复苏训练模拟人进行复苏操作。
2. 模拟现场电气火灾扑救的过程。

第二节 常用电工工具

建筑电气安装工程中离不开电工工具。电工工具质量的好坏、使用方法是否得当，都将直接影响建筑电气安装工程的施工质量和工作效率，以及施工人员的安全。因此，电气施工人员必须了解常用电工工具的结构和性能，掌握正确的使用方法。

一、低压验电器

低压验电器又称测电笔（简称电笔），有发光式和数字显示式两种。普通低压验电笔的电压测量范围为 60 ~ 500 V，具体测量范围一般会在电笔表面标注。电压高于 500 V 时，则不能用普通验电笔测量，初学者务必注意。

1. 发光式低压电笔

发光式低压电笔有钢笔式，也有一字螺丝刀式，如图 1-1a 所示。其前端是金属探头，后部的塑料壳内装配有光源（光源有氖管或 LED）、电阻和弹簧，还有金属端盖触摸极或钢笔形挂钩，这是使用时手能触及的金属部分。正确的使用方法如图 1-1b 所示，人手绝对不能接触电笔的笔尖金属体，以免触电。

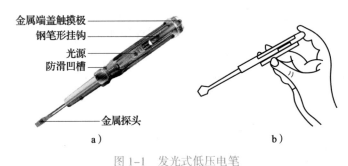

金属端盖触摸极
钢笔形挂钩
光源
防滑凹槽
金属探头
a）　　　　　　　　　　b）

图 1-1　发光式低压电笔
a）一字螺丝刀式电笔结构　b）正确的使用方法

2. 数字显示式电笔

感应式数字显示式电笔如图 1-2 所示，不接触电线或接点就能测出其是否带电，使用起来既方便又安全。这种电笔可以检测 12 ~ 250 V 交直流电路，可以测试线路火线、零线，可以测试带电线路的断点，可以测试直流电源的电量大小，以及不带电线路的通断。

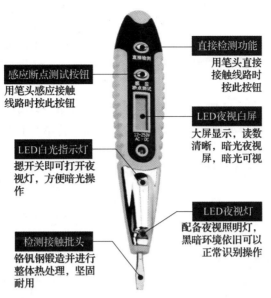

直接检测功能
用笔头直接接触线路时按此按钮

感应断点测试按钮
用笔头感应接触线路时按此按钮

LED夜视白屏
大屏显示，读数清晰，暗光夜视屏，暗光可视

LED白光指示灯
摁开关即可打开夜视灯，方便暗光操作

LED夜视灯
配备夜视照明灯，黑暗环境依旧可以正常识别操作

检测接触批头
铬钒钢锻造并进行整体热处理，坚固耐用

图 1-2　感应式数字显示式电笔

（1）电笔自检

按住直接检测按钮，一手触碰笔尖，灯亮表示电笔功能正常且电池电量充足，灯不亮则表示电笔出现故障或需要更换电池。

（2）火线、零线区分

按住直接检测按钮，笔尖靠近或接触火线、零线检测，显示屏显示对应电压。以220 V线路为例，显示 220 V 的是火线，受外界电场影响，零线有时会显示 12 V。但这类电笔无法区分零线和地线，准确分辨需要使用万用表。

（3）线路通断测试

这个功能适用于检测家用电器（如洗衣机、电饭煲等）插头线路。检测时，一手捏住插头的零线端，另一手按住直接检测按钮，笔尖接插头的另一端，屏幕灯亮表示该插头线路通，若不亮，则表示该插头线路某处出现断路。

（4）线路断点检测

假如要测定线路的断点位置，只要给被测线路通正常工作电压，按住电笔的感应断点测试按钮，将此电笔靠近被测导线，显示屏会出现带电符号，再沿着该线路长度方向移动笔尖，带电符号消失的地方就是断点位置。

二、电烙铁

1. 电烙铁的分类

电烙铁是手工焊接的主要工具，其基本结构包括发热部分、储热部分和手柄部分。烙铁芯是电烙铁的发热部件。将电热丝平行地绕制在一根空心瓷管上，层间由云母片绝缘，电热丝的两头与两根交流电源线连接，就构成了烙铁芯。烙铁头由紫铜材料制成，其作用是储存热量，它的温度比被焊物体的温度高得多。烙铁的温度与烙铁头的休积、形状等均有一定关系。烙铁头的休积越大，保温的时间越长。

（1）外热式电烙铁

外热式电烙铁由木质手柄、散热孔、不锈钢套管、紫铜烙铁头、电源引线及插头等部分组成，如图1-3所示，常用规格有25 W、45 W、75 W和100 W等。

（2）内热式电烙铁

内热式电烙铁如图1-4所示，因烙铁芯在烙铁头内而得名，烙铁温度一般可达350 ℃左右。它由手柄、连接杆、弹簧夹、烙铁芯及烙铁头组成，常用规格有15 W、20 W和50 W等。内热式电烙铁有发热快、质量轻、体积小、耗电省且热效率高等优点，其烙铁芯是用较细的镍铬电阻丝绕在瓷管上制成的。20 W内热式电烙铁的内阻值约为2.5 kΩ。

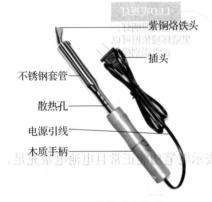

紫铜烙铁头
插头
不锈钢套管
散热孔
电源引线
木质手柄

图1-3　外热式电烙铁　　　　　　　图1-4　内热式电烙铁

（3）恒温电烙铁

恒温电烙铁的烙铁头内装有强磁体传感器，通过吸附磁芯开关中的永久磁铁来控制温度。这种电烙铁一般用于焊接温度不宜过高、焊接时间不宜过长的场合，价格一般比外热式电烙铁和内热式电烙铁高。

2. 电烙铁的选用

一般来说，应根据焊接对象合理选择电烙铁的功率和种类。被焊件较大，使用的电烙铁的功率也应大些。若电烙铁功率过小，则焊接温度过低，焊料熔化较慢，焊剂不易挥发，焊点不光滑、不牢固，势必造成外观质量与焊接强度不合格，甚至焊料不能熔化，焊接无法进行。但电烙铁功率也不能过大，否则会将过多的热量传递到被焊工件上，使元器件焊点过热，可能造成元器件损坏、焊料在焊接面上流动过快。

（1）选用电烙铁的原则

1）焊接集成电路中受热易损的元器件时，考虑选用20 W内热式电烙铁或25 W外热式电烙铁。

2）焊接较粗导线或同轴电缆时，考虑选用50 W内热式电烙铁或45～75 W外热式电烙铁。

3）焊接较大元器件（如金属底盘接地焊片）时，应选用100 W以上的电烙铁。

4）烙铁头的形状要适合被焊件的要求和产品装配密度。

（2）使用电烙铁应注意的问题

1）电烙铁使用前，应检查电压是否相符。新电烙铁使用前要给烙铁头"上锡"，具体操作如下：接上电源，当烙铁头温度升到能熔锡时，将烙铁头在松香上粘涂一下，等松香冒烟后再粘涂一层焊锡，如此反复进行2~3次，使烙铁头的刃面全部挂上一层锡，电烙铁便可使用了。电烙铁使用过程中，应始终保证烙铁头上挂一层薄锡。

2）电烙铁不使用时，不宜长时间通电，否则容易使烙铁芯过热而烧断，缩短其寿命，同时也会使烙铁头因长时间加热而氧化，甚至被"烧死"，不再"吃锡"。

3）切勿将电烙铁放置于潮湿处，以免受潮漏电。电烙铁也不能在易燃和腐蚀性气体环境中使用。

4）不能任意敲击电烙铁，禁止通电后拆卸及安装电烙铁部件。

5）电烙铁宜用松香、焊锡膏作助焊剂，禁用盐酸，以免损坏元器件。

6）电烙铁使用若干次后，应将铜头取下去除氧化层，以免日久铜头取不出。

7）电烙铁电源线的绝缘层破损时应及时更换，确保安全。电烙铁使用时必须按要求接地线，接地线装置必须可靠接地。

8）外热式电烙铁首次使用时，约在8 min左右会冒烟。这是由于云母内脂质挥发导致的，属正常现象。

9）电烙铁的电源线截面积和长度见表1-11的规定。

表1-11　电烙铁的电源线截面积和长度

输入功率（W）	电源线截面积（mm²）	电源线长度（mm）
20 ~ 50	0.28	
70 ~ 300	0.35	1 800 ~ 2 000
500	0.5	

三、钳具

电工常用的各种钳具如图1-5所示。

1. 钢丝钳

钢丝钳又称老虎钳，是电工使用最频繁的工具之一。电工用钢丝钳柄部加有耐压500 V的塑料绝缘套，常用规格有150 mm、175 mm、200 mm三种。

钢丝钳由钳头和钳柄两部分组成，钳头由钳口、齿口、刀口和铡口四部分组成，外观如图1-5a所示。其中，钳口可用于绞绕电线、弯曲芯线、钳夹线芯；齿口可代替扳手拧小型螺母；刀口可用于剪切电线、拔除铁钉，也可用于剥离截面积为4 mm²及以下的导线的绝缘层；铡口可用于铡切钢丝等硬金属丝。

使用钢丝钳以前，必须检查绝缘柄的绝缘是否完好。如果绝缘损坏，不得带电操作，以免发生触电事故。钢丝钳使用时刀口要朝内侧，便于控制剪切部位。使用钢丝钳剪切带电导线时，必须单根进行，不得用刀口同时剪切相线和零线或者两根相线，以免造成短路事故。钳头不可代替手锤作为敲打工具。钳头的轴销上应经常加机油润滑。

2. 尖嘴钳

尖嘴钳外形与钢丝钳相似，如图 1-5b 所示，只是其头部尖细，适用于狭小的工作空间或带电操作低压电气设备。钳头用于夹持较小螺钉、垫圈、导线，以及把导线端头弯曲成所需形状，刀口用于剪断细小的导线、金属丝等。电工用尖嘴钳采用绝缘手柄，其耐压等级为 500 V。

使用尖嘴钳时，手与金属部分的距离应不小于 2 cm；注意防潮，勿磕碰损坏尖嘴钳的柄套，以防触电；钳头部分尖细，且经过热处理，钳夹物体不可过大，用力时切勿太猛，以防损伤钳头；使用后要擦净，经常加油，以防生锈。

3. 剪线钳

剪线钳也是电工常用的钳具之一，外形如图 1-5c 所示，其头部扁斜，又名斜口钳、扁嘴钳，专门用于剪断较粗的电线电缆及其他金属丝。剪线钳的柄部有铁柄和绝缘管套，其绝缘柄耐压等级应为 1 000 V 以上。

4. 剥线钳

剥线钳用来剥削直径为 2.6 mm 及以下绝缘导线的塑料或橡胶绝缘层，其外形如图 1-5d 所示，由钳口和手柄两部分组成。剥线钳钳口有 0.6～2.6 mm 的多个直径切口，用于不同规格线芯的剥削。使用剥线钳时，将要剥削的绝缘层长度用标尺定好后，即可把导线放入相应的刀口中（比导线直径稍大），用手柄握紧，导线的绝缘层即被割破。

使用剥线钳时，应使切口与被剥削导线芯线直径相匹配，切口过大则无法剥除导线的绝缘层，切口过小则会切断芯线。

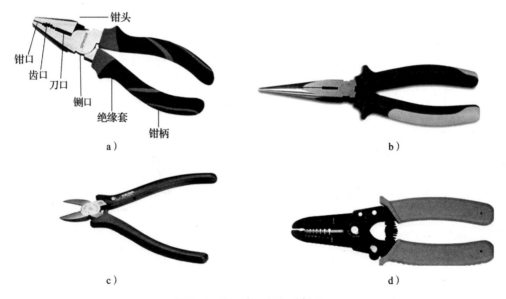

图 1-5　电工常用的各种钳具

a）钢丝钳　b）尖嘴钳　c）剪线钳　d）剥线钳

四、螺钉旋具、电工刀及螺母旋具

1. 螺钉旋具

螺钉旋具是用来紧固或拆卸带槽螺钉的常用工具，俗称起子、螺丝刀，也称改锥。如图 1-6 所示，常见螺钉旋具头部有一字形和十字形两种不同的形状，十字形螺钉旋具也称梅花起子。螺钉旋具的规格用杆的外直径 × 标杆长度表示，单位是 mm。可根据不同型号的螺钉选用不同尺寸的一字形螺钉旋具和十字形螺钉旋具。随着技术的发展，电动螺钉旋具也得到了广泛应用。

a)　　　　　　　　　　　　　　　　　　　b)

图 1-6　螺钉旋具

a) 一字形螺钉旋具　b) 十字形螺钉旋具

在使用螺钉旋具的过程中，应注意安全，要用力均匀，保持平直，一般情况下顺时针方向旋转为嵌紧，逆时针方向旋转则为松出。

带电作业时，手不可触及螺钉旋具的金属杆，以免发生触电事故。大螺钉旋具一般用来紧固较大的螺钉。使用时，除大拇指、食指和中指要夹住握柄外，手掌还要顶住柄的末端，这样可使出较大的力气。小螺钉旋具一般用来紧固较小的螺钉。使用时，可用大拇指和中指夹住握柄，用食指顶住柄的末端旋转。可用右手压紧并转动手柄，左手握住螺钉旋具的中间，使其不致滑脱。

2. 电工刀

电工刀是用来剥削导线绝缘层、切割电线电缆的常用工具，如图 1-7 所示，其刀口磨制成单面呈圆弧状的刃口，刀刃部分锋利。

使用电工刀时应注意：

（1）严禁使用电工刀带电操作电气设备，因为一般电工刀的手柄是不绝缘的。

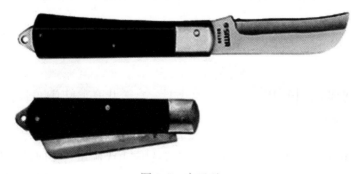

图 1-7　电工刀

（2）使用电工刀时切勿用力过猛，以免划伤手指。

（3）剥削导线绝缘层时，应将刀口朝外，并注意避免伤及手指。

（4）剥削导线绝缘层时，应使刀面与导线成较小的锐角，以免割伤导线。

（5）电工刀使用完毕，应立即将刀身折进刀柄。

3. 螺母旋具

用来拆卸和紧固螺母的旋具有活扳手、呆扳手、梅花扳手、内六角扳手、套筒扳手和棘轮扳手，其中，建筑设备安装电工常用的是活扳手和呆扳手。

（1）活扳手

活扳手又称活络扳头，是用来紧固和拆卸螺母的一种专用工具。活扳手由头部和手柄组成，如图1-8所示，头部由活扳唇、呆扳唇、扳口、蜗轮和轴销等组成。使用活扳手夹持螺母时，呆扳唇在上，活扳唇在下，旋动蜗轮可调节扳口的大小。活扳手规格用长度 × 最大开口宽度表示。

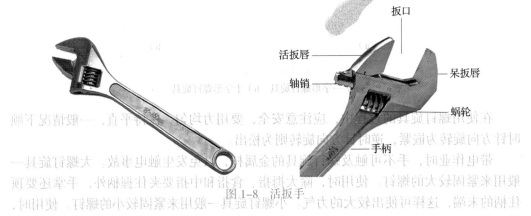

图1-8 活扳手

扳动大螺母时，需用较大力矩，手应握在靠近柄尾处；扳动小螺母时，不需用较大力矩，但易打滑，因此手应握在接近头部的地方，并且可随时调节蜗轮，收紧活扳唇，防止打滑。活扳手不可反用，不可用钢管接长手柄施加较大的力矩，也不得当作撬棒或榔头使用。

（2）呆扳手

呆扳手也称为开口扳手、死扳手，其开口宽度不能调节，有单头和双头两种形式，如图1-9所示。单头呆扳手的规格以开口宽度表示，双头呆扳手的规格以两端开口宽度表示。

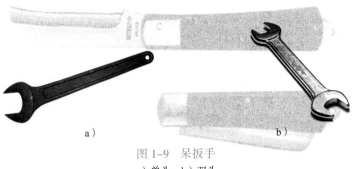

a）

b）

图1-9 呆扳手

a）单头 b）双头

五、导线压接钳及喷灯

1. 导线压接钳

导线压接钳是用来压接导线线芯和接线端子的工具，常见有手压钳和油压钳等形式。油压钳的模具可以更换，手压钳的模具在钳口中是固定的。图1-10所示的手压钳用于压接10 mm²及以下小截面的多股导线终端头。如图1-11所示，油压钳通常用于压接16 mm²以上大截面的导线线芯，很多厂家制造的油压钳也可压接小截面的导线线芯。压接前，选好相应模具；压接时，关紧回油螺栓，然后摇动手柄作往复运动，待压模接触良好，即已符合压接尺寸，不可继续加压，否则会损坏零件。压成一模后，放松回油螺栓，待活塞复位后，再关紧回油螺栓，然后压接第二模。

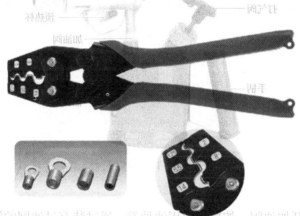

图1-10 手压钳

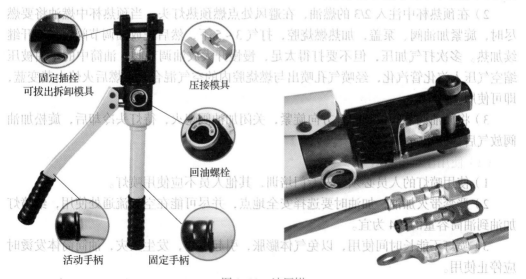

固定插栓可拔出拆卸模具　压接模具　回油螺栓　活动手柄　固定手柄

图1-11 油压钳

2. 喷灯

喷灯是利用高温火焰（燃烧温度约为 900 ℃）对工件进行加热的一种工具，可实现搪锡、搪铅、搪焊等操作，还适用于机械零件的加温、焊接、热处理等，在电气工程常用于加热电缆的热缩材料，如图 1-12 所示。

喷灯的燃料有汽油和煤油两种，其规格是以油筒中油量容积大小而定，常用有 0.5 kg、1 kg、1.5 kg 等类型。

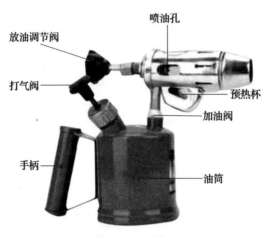

图 1-12 喷灯

（1）使用方法

1）使用前旋开加油阀，按照规定用油种类，通过装有过滤网的漏斗将洁净燃油自加油孔注入，但只能加注至油筒的 3/4 处，然后旋紧加油阀。如果是连续使用，必须待灯头完全冷却后才能加注燃油。

2）在预热杯中注入 2/3 的燃油，在避风处点燃预热灯头，当预热杯中燃油将要燃尽时，旋紧加油阀、泵盖，加热燃烧腔，打气 3～5 下，然后把放油调节阀缓缓旋开继续加热。多次打气加压，但不要打得太足，慢慢开大放油调节阀，油筒中的燃油被压缩空气压入汽化管汽化，经喷气孔喷出与燃烧腔内的空气混合，点燃后火焰由黄变蓝，即可使用。

3）将放油调节阀按顺时针方向旋紧，关闭加油阀熄火，待灯头冷却后，旋松加油阀放气后存放。

（2）使用注意事项

1）使用喷灯的人员必须经过专门培训，其他人员不应使用喷灯。

2）严禁带火加油，加油时要选择安全地点，并尽可能在空气流通处使用，给喷灯加油到油筒容量的 3/4 为宜。

3）喷灯不能长时间使用，以免气体膨胀，引起爆炸，发生火灾，油筒筒体发烫时应停止使用。

4）严禁在地下室或地沟内使用喷灯。需要使用时，必须远离地下室 2 m 以外。

5）变电所检修油浸式变压器和油断路器时，禁止使用喷灯。

六、电动工具

1. 手电钻

工程中常用的手电钻采用不同的钻头，可用于金属、塑料、木材、瓷砖表面钻孔，还可作为电动旋具拆卸螺钉，但是不能钻墙，如图 1–13 所示。

用手电钻钻孔时不宜用力过大，以免手电钻电动机超载。用手电钻钻金属时，应注意在即将钻通时减轻用力，以免卡住钻头或伤手；若电钻转速突然降低，应立即减轻用力；钻头卡住时要立即断开电源。

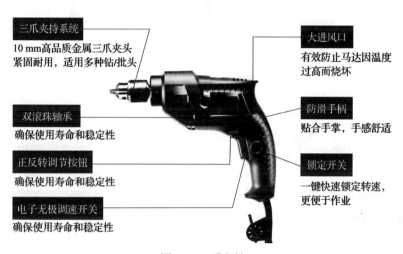

三爪夹持系统
10 mm高品质金属三爪夹头紧固耐用，适用多种钻/批头

双滚珠轴承
确保使用寿命和稳定性

正反转调节按钮
确保使用寿命和稳定性

电子无极调速开关
确保使用寿命和稳定性

大进风口
有效防止马达因温度过高而烧坏

防滑手柄
贴合手掌，手感舒适

锁定开关
一键快速锁定转速，更便于作业

图 1–13　手电钻

2. 冲击钻

冲击钻是一种既能转动又有冲击性能的电动工具，如图 1–14 所示，可以钻砖墙、金属、瓷砖和木材，也可以拧螺钉。

一般情况下，冲击钻不能作为手电钻使用，但近些年来，很多厂家生产的冲击钻兼具手电钻和冲击钻功能。

图 1–14　冲击钻

3. 电锤

与冲击钻相比，电锤不需要更大的压力就可钻入硬材料，所以在石头和混凝土（特别是相对较硬的混凝土）上钻孔时，应选用电锤，如图 1-15 所示。

电锤工作时，依靠传动机构带动钻头做旋转运动，同时还有一个方向垂直于钻头的往复锤击运动，功率较冲击钻要大，能更快、更深地钻直径大于 14 mm 的孔，适用于在各种脆性建筑构件（混凝土和砖石等）上鉴孔、开槽、打毛。电锤在建筑水、电、气的穿墙钻孔及设备安装钻孔施工中得到广泛的应用。

操作人员使用电锤前要用手转动钻夹头，检查转动是否灵活，钻孔前应先空转 1 min，检查传动机构是否灵活无碍，确认运转正常后再开始工作。作业时，操作人员严禁戴手套及饰品，必须戴护目镜，脸部向上在顶部楼板上钻孔时，应戴防护面罩。使用电锤时先将钻头顶在工作面上再按开关，避免空打和顶死；电锤振动较大，操作时双手应握紧把手，使钻头与工作面垂直，钻深孔应分多次完成，途中拔出钻头排屑；使用电锤在钢筋混凝土结构上钻孔时，应避开电气线路暗配管和钢筋的位置；电锤在工作中如果发生冲击停止的现象，可切断开关后重新顶住工作面启动；对钻孔深度有要求时，应在电锤上装深度尺控制钻孔深度。电锤为断续工作制，如果使用时间过长会发烫，此时应停机自然冷却。

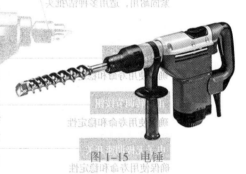

图 1-15 电锤

4. 手动液压弯管机

手动液压弯管机主要用于电力施工、建筑施工等方面的管道铺设及修造，具有功能丰富、结构合理、操作简单、移动方便、安装快速等优点，如图 1-16 所示。

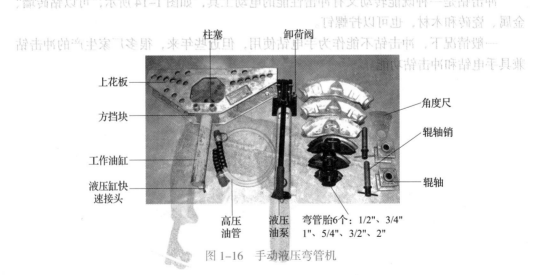

图 1-16 手动液压弯管机

使用时，将工作油缸旋入方挡块的内螺纹，根据所弯管子的外径选择弯管胎，套在柱塞上，将两只辊轴所对应槽向着模头，然后放入相应尺寸的花板孔中，将所弯管子插入槽中，再将高压油管端部的快速接头活动部分向后拉，并套在工作油缸及油泵的接头上，将油泵上的放油螺钉旋紧，即可弯管。弯管完毕，放松放油螺钉，柱塞即自动复位。

技能训练

1. 练习正确使用冲击钻、电锤。
2. 练习正确选择和使用导线压线钳。
3. 练习正确使用手动液压弯管机和选择模具。

第三节　常用电工仪表及选用

在建筑电气设备安装领域中，电气测量起着十分重要的作用。电路中的电压、电流、电阻、电能等，都需要用电工仪表来测量。例如，电流表可以用来监测电气设备的运行情况，兆欧表可以检测安装好的电气线路的绝缘电阻是否合格。因此，正确地使用仪表是建筑电气设备安装电工应掌握的技能。

一、电工仪表的分类

1. 按仪表的结构和工作原理分类

按仪表的结构和工作原理不同，电工仪表可分为磁电系仪表、电磁系仪表、电动系仪表、感应系仪表等。磁电系仪表根据通电导体在磁场中产生电磁力的原理制成，电磁系仪表根据铁磁物质在磁场中被磁化后产生电磁吸力（或推斥力）的原理制成，电动系仪表根据两个通电线圈之间产生电动力的原理制成。

2. 按被测量的电源和参数分类

按被测量的电源不同，电工仪表可分为直流表、交流表和交直流两用表等；根据被测量的参数不同，电工仪表可分为电流表（又分为安培表、毫安表和微安表）、电压表（又分为伏特表、毫伏表等）、功率表（或瓦特表）、电能表、频率表、相位表（或功率因数表）、欧姆表以及多功能仪表等。

3. 按使用方式分类

按使用方式不同，电工仪表可分为安装式仪表和可携带式仪表。安装式仪表固定安装在开关板或电气设备面板上，这种仪表精度较低，但过载能力较强，造价低廉。可携带式仪表不作固定安装使用，有的可在施工现场使用（如万用表和兆欧表），有的在实验室内作精密测量和检验标准使用。

4. 按仪表的精度分类

按仪表的精度不同，电工仪表可分为0.1、0.2、0.5、1.0、1.5、2.5和5.0七个等级。

二、常用便携式电工仪表

便携式电工仪表的种类很多，其中常用的是测量基本电量的便携式电工仪表，如万用表、兆欧表、钳形电流表、接地电阻测试仪等。常用便携式电工仪表的名称、外形、用途见表 1-12。

表 1-12　　　　　　　　　　常用便携式电工仪表的名称、外形、用途

序号	名称	外形	用途
1	万用表	指针式　　数字式	万用表是一种多功能、多量程的便携式电工仪表，有指针式和数字式两种。一般的万用表可以测量直流电流、直流电压、交流电压和电阻等，还可测量电容、功率、三极管电流放大倍数等
2	兆欧表	手摇式　　数字式	兆欧表又叫绝缘摇表、高阻表，用来测量大阻值电阻和绝缘电阻，如测量电气线路之间、线路对地以及电气设备和器材本身的绝缘电阻，也可以用于测量电气设备的吸收比（R_{60}/R_{15}）。随着电子技术的发展，现在也出现了用干电池及晶体管直流变换器把直流低压转换为直流高压，代替手摇发电机的数字兆欧表
3	钳形电流表	数字式	钳形电流表（简称钳形表）是一种不需要断开电路就可以直接测量电路电流的便携式电工仪表，已由单一的测量电流功能发展到多功能。它的测量范围包括电流、电压、电阻、有功功率、频率及功率因数等常规电参数
4	接地电阻测试仪	指针式　　数字式	接地电阻测试仪主要用于直接测量各种接地装置的接地电阻和土壤电阻率，一般用于测量电气设备接地装置的接地电阻是否符合要求

三、数字式万用表的使用

与模拟式仪表相比，数字式仪表灵敏度和准确度高，显示清晰，过载能力强，便于携带，使用更简单，因此得到了广泛的应用。下面介绍用途较广的数字式万用表，其他便携式仪表的使用方法将在后续内容中学习。数字式万用表面板如图 1-17 所示，使用时应注意防水、防尘、防摔，且不宜在高温高湿、易燃易爆和强磁场的环境下使用，当屏幕出现"■■■"符号时，应更换电池。

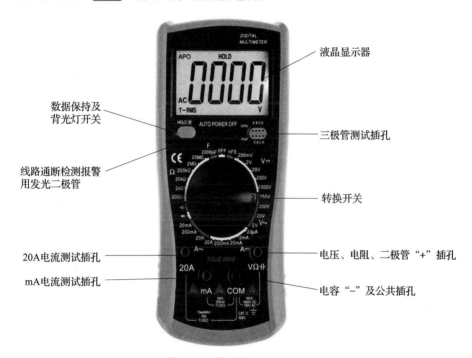

图 1-17　数字式万用表面板

1. 面板说明

电阻挡（Ω）：200 Ω、2 kΩ、20 kΩ、200 kΩ、2 MΩ、20 MΩ。

交流电压挡（V~）：2 V、20 V、200 V、750 V。

直流电压挡（V⎓）：200 μV、2 V、20 V、200 V、1 000 V。

直流电流挡（A⎓）：20 mA、2 mA、20 mA、200 mA、20 A。

交流电流挡（A~）：20 mA、200 mA、20 A。

三极管放大倍数挡（h_{FE}）：0 ~ 1 000。

电容挡（F）：2 000 μF。

二极管挡（→⊢）：显示值为二极管压降。

通断测试挡（∘)))）：蜂鸣器发出长响，说明线路接通。

2. 交、直流电压测量

（1）测量步骤

将黑表笔插入"COM"插孔，红表笔插入"V/Ω"插孔，将转换开关置于相应电压量程上，然后将测试表笔并联在被测电路上。若是直流电压，屏幕上显示的是红表笔所接的该点电压与极性；若是交流电压，屏幕上显示的就是该电路电压的有效值。

（2）注意事项

如果事先对被测电压范围没有概念，应将转换开关转到最高的挡位，然后根据显示值转到相应挡位上。如果屏幕显示"1"，表明电压已经超过量程范围，应将转换开关转到较高档位上。

3. 交、直流电流测量

（1）测量步骤

将黑表笔插入"COM"插孔，红表笔插入"mA"插孔（最大为 200 mA）或"20 A"插孔中；将转换开关置于相应电流挡上，断开被测线路，将测试表笔串联接入被测线路中。若测试直流电流，屏幕上显示被测电流值及红表笔测量点的电流极性；若测试交流电流，屏幕上显示的是被测电流值。

（2）注意事项

测量前应估计被测电路的电流大小，若测量大于 200 mA 的电流，则要将红表笔插入"20 A"插孔。如果屏幕显示"1"，表明已经超过量程范围，应将转换开关转到较高挡位上。仪表要串联在被测线路中。测量结束后，应将红表笔重新插回"V/Ω"插孔，以防忘了切换表笔的位置直接测电压而烧坏仪表。

在使用 20 A 挡位测量时要注意，该挡未设置保险，连续测量将会导致仪表电路发热，影响测量精度甚至损坏仪表挡位。

4. 电阻测量

（1）测量步骤

将黑表笔插入"COM"插孔，红表笔插入"V/Ω"插孔，将转换开关置于相应电阻量程上，然后将测试表笔跨接在被测电阻两端，在屏幕上读取测量结果。

（2）注意事项

如果电阻值超过所选的量程值，量程选小了，则屏幕会显示"1"，这时应将转换开关转到较高挡位；反之，量程选大了，屏幕上会显示一个接近于"0"的数字，此时应将转换开关转到较小的挡位；当测量电阻值超过 1 MΩ 时，读数需要几秒钟时间才能稳定，这是正常的；当输入端开路时，则显示过载情景；测量在线电阻时，要确认被测电路所有电源已经关断，所有电容已经完全放电，然后才可以测量。

5. 电容测量

（1）测量步骤

将电容两端短接，对电容进行放电；将红表笔插入"COM"插孔，黑表笔插入"mA"插孔；将转换开关置于相应电容挡（2 000 μF），表笔对应极性（注意红表笔极性为"+"）接入被测电容，被测电容值显示在屏幕上。

（2）注意事项

在测试电容前，屏幕值可能尚未回到零，残留读数会逐渐减小，但可以不予理会，它不会影响测量的准确度。使用大电容测量挡测量严重漏电或击穿电容时，将显示一些不稳定的数值，在测试电容前，必须对电容充分地放电，防止损坏仪表，测量后也要对电容放电。

6. 二极管测试

（1）测量步骤

将黑表笔插入"COM"插孔，红表笔插入"V/Ω"插孔（注意红表笔极性为"＋"）；将转换开关置于"➙⊢"挡，将红表笔连接到被测试二极管正极，黑表笔接负极，读数为二极管正向压降的近似值，一般硅二极管为 0.6～0.8 V，锗二极管为 0.2～0.3 V；两表笔换位，屏幕显示"1"，表明二极管正常，否则，表明二极管被击穿。

（2）注意事项

表笔位置要正确连接。

7. 线路通断测试

将转换开关置于通断测试挡"∘)))"，将黑表笔插入"COM"插孔，红表笔插入"V/Ω"插孔，红、黑表笔短接，蜂鸣器响，表明仪表良好。红、黑表笔接在被测电路两端，屏幕显示"0"，蜂鸣器响，表明该电路为通路状态，若屏幕显示"0 L"，蜂鸣器不响，表明该电路为断路状态。

技能训练

练习用数字式万用表测量交流电压、直流电压、直流电流、电阻、电容、电路通断。

第四节 常用导线连接

导线连接是建筑电气设备安装过程中常用的基本操作技能，本节将学习导线连接要求，绝缘导线与绝缘导线连接，导线与建筑电气设备或器具连接，以及有线电视线、网线、电话线的终端头制作。

一、导线连接

导线的连接方法有铰接、焊接、压板压接、压线帽压接、套管连接、接线端子连接、螺栓连接等。

1. 导线连接要求

导线的连接必须符合电气装置安装工程施工及验收规范的要求，基本要求是电接触良好、机械强度足够、接头美观，且绝缘恢复正常。

（1）导线的剥削

对绝缘导线进行连接前，必须去除接头处的绝缘层，以保证接头处有良好的导电特性。去除绝缘层要干净、彻底，否则通电后接头处会因为这些绝缘层形成的电阻而发热，而且可能导致电路不通。

剥削导线绝缘层时，不得损伤线芯。凡包缠有绝缘带的接头，相线与相线、相线与零线间应错开一定的距离，以免发生相线与相线、相线与零线间的短路。

（2）导线的连接

1）不管采用何种形式的连接方法，导线连接后的电阻不得大于相同长度导线的电阻；连接后应修理毛刺或不妥处，使之符合要求；在配线的主干线与分支线连接处，主干线不应受到分支线的横向拉力。线路中，不同材质的导线不得直接连接，必须由过渡元件完成。

2）熔焊连接的焊缝不应有凹陷、夹渣、断股、裂纹及根部未焊合等缺陷。焊缝的外形尺寸应符合焊接工艺要求，焊接后应清除残余焊药和焊渣。锡焊连接的焊缝应饱满，表面光滑，焊剂应无腐蚀性，焊后应清除残余焊剂。

3）采用缠绕法连接时，连接部位的线股应缠绕良好紧密，不应有断股、松股等缺陷。铜质导线采用铰接或缠绕接法时，必须先经搪锡或镀锡处理后再连接，连接后再进行蘸锡处理。其中，单股与单股、单股与软铜线的连接可先除去氧化膜，连接后再蘸锡。

4）截面积 6 mm^2 及以下铜芯导线间的连接应采用导线连接器或缠绕搪锡连接，并应符合下列规定：

导线连接器应符合现行国家标准《家用和类似用途低压电路用的连接器件 第 1 部分：通用要求》（GB/T 13140.1—2008）的相关规定。导线连接器应与导线截面积相匹配；单股导线与多股软导线连接时，多股软导线宜搪锡处理；与导线连接后不应明露线芯；采用机械压紧方式制作导线接头时，应使用确保压接力的专用工具；多尘场所的导线连接应选用 IP5 X 及以上防护等级的连接器；潮湿场所的导线连接应选用 IPX5 及以上防护等级的连接器。导线采用缠绕搪锡连接时，连接头缠绕搪锡后应采取可靠绝缘措施。

5）导线与设备、元件、器具的连接应符合下列要求：

①截面积为 10 mm^2 及以下的单股铜芯线、单股铝/铝合金芯线可直接与设备、元件、器具的端子连接。

②截面积为 2.5 mm^2 及以下的多股铜芯线的线芯应先拧紧且搪锡或压接端子后再与设备、元件、器具的端子连接。

③截面积大于 2.5 mm^2 的多股铜芯线的终端，除设备自带插接式端子外，应拧紧搪锡后焊接或压接端子后再与设备、元件、器具的端子连接。

④多股铝芯线应去除氧化层并涂抗氧化剂然后接续端子与设备、器具端子连接，连接完成后应清洁干净。

⑤每个设备或器具的端子接线不超过 2 根导线线芯或接线端子。

（3）绝缘恢复

导线线芯连接后需要恢复绝缘，恢复绝缘后其绝缘强度应不低于原有绝缘层强度。

2. 导线的绝缘层剥削

（1）剥削绝缘层使用的工具

常用的工具有电工刀、钢丝钳和剥线钳，可进行削、勒及剥削绝缘层操作。一般 4 mm^2 及以下导线的绝缘层剥削原则上使用剥线钳。

（2）剥削绝缘层方法

单层剥法：不允许采用电工刀转圈剥削绝缘层，应使用剥线钳。

分段剥法：一般适用于多层绝缘导线剥削，如编织橡皮绝缘导线，用电工刀先削去外层编织层，并留有约 12 mm 的绝缘台，线芯长度随接线方法和要求的机械强度而定。

斜削法：用电工刀以 45° 角倾斜切入绝缘层，当切近线芯时应停止用力，接着应使刀面的倾斜角度改为 15° 左右，沿着线芯表面向前头端部推出，然后把残存的绝缘层剥离线芯，用刀口插入背部以 45° 角削断。

1）钢丝钳剥削操作方法。如图 1-18 所示，用左手捏住导线，根据线芯所需长度，用钳头刀口轻切塑料层，但不可切入线芯，然后用右手握住钳子头部，用力向外勒去塑料层。右手握住钢丝钳时，用力要适当，避免伤及线芯。

2）剥线钳剥削操作方法。如图 1-19 所示，根据缆线的粗细型号，选择相应的剥线刀口；将准备好的电缆放在剥线工具的刀刃中间，选择好要剥线的长度；握住剥线工具手柄，将电缆夹住并缓缓用力，使电缆外表皮慢慢剥落。松开工具手柄，取出电缆线，这时电缆金属整齐地露在外面，其余绝缘塑料完好无损。

3）电工刀剥削操作方法。电工刀剥削绝缘层操作方法如图 1-20 所示。

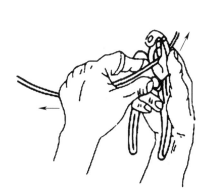

图 1-18　钢丝钳剥削操作方法

图 1-19　剥线钳剥削操作方法

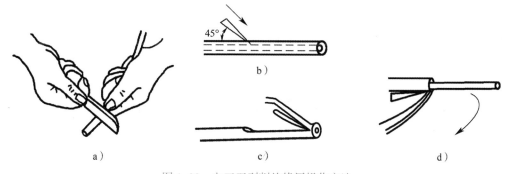

图 1-20　电工刀剥削绝缘层操作方法

a）握刀姿势　b）刀以 45° 切入　c）刀以 25° 倾斜推削　d）扳翻塑料层并在根部切去

（3）塑料护套线护套层和绝缘层的剥削方法

如图 1-21 所示，根据所需长度用刀尖在线芯缝隙间划开护套层。将护套层向后扳翻，用电工刀齐根切齐。用电工刀以 45° 斜角切入内层的绝缘层后，向前推刀口剥去绝缘层，绝缘层切口与护套层切口间应留有 5~10 mm 的距离。

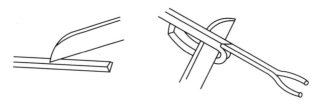

图 1-21　塑料护套线护套层和绝缘层的剥削方法

特别提醒

1. 用电工刀剥削时，刀口应向外，并注意安全，以防伤人。
2. 用电工刀和钢丝钳剥削时，不得损伤线芯，若损伤较多应重新剥削。
3. 用剥线钳剥削时，应注意导线规格与剥线钳钳口对应。

3. 绝缘导线与绝缘导线连接

（1）单股铜导线的直线连接

1）绞接法。6 mm² 及以下小截面单股铜导线连接方法如图 1-22 所示，先将两导线的线芯作 X 形交叉，双手同时将两线芯互绞 2~3 圈后扳直，然后将一根线芯在另一根线芯上紧贴密绕 5 圈，剪去多余线芯。

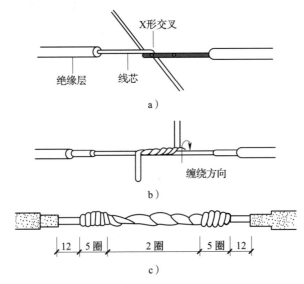

图 1-22　6 mm² 及以下小截面单股铜导线连接方法
a）线芯 X 形交叉　b）缠绕线芯　c）连接好的导线线芯

2）缠绕卷法。10 mm² 及以上大截面单股铜导线连接方法如图 1-23 所示，将两线相互并合，在两导线的线芯重叠处填入一根相同直径的线芯作为辅助线，再用一根截面积约 1.5 mm² 的裸铜线作为绑线，在并合部位中间向两端缠绕（即公卷），其长度为导线直径的 10 倍，然后将两线芯端头折回，在此向外单独缠绕 5 圈，与辅助线捻绞 2 圈，将余线剪掉。

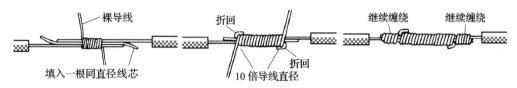

图 1-23　10 mm² 及以上大截面单股铜导线连接方法

（2）单股铜线芯的分支连接

1）绞接法。截面积 6 mm² 及以下的导线可用绞接法进行 T 形连接，将支线线芯与干线线芯十字相交后绕单结，支线线芯根部留 3~5 mm。然后紧密并绕在干线线芯上，在分支 T 接处按一个方向紧密顺缠 5~7 圈，剪去多余线芯并修平。

2）直接缠线法。截面积 10 mm² 及以上的导线可用直接缠线法进行 T 形连接。如图 1-24 所示，将支线线芯与干线线芯十字相交后按一个方向缠绕 1 圈，然后反方向缠绕 5~7 圈。缠绕时要用钢丝钳配合，力求缠绕紧固。

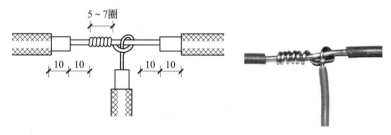

图 1-24　直接缠线法

（3）多股线芯的直线连接

多股线芯直线连接时，截面积较小（如 10 mm²）的 7 股线芯采用自缠法，截面积较大（如 35 mm² 及以上）的 7 股线芯采用缠绕绑接法，如图 1-25 所示。先将两待接线芯进行整形处理，用钢丝将其根部的 1/3 部分绞紧，其余 2/3 部分呈伞骨状，再将两线芯隔股对接，对接紧密后将每股线芯捏平。

将一端的 7 股线芯按 2 股、2 股、3 股分成三组。将第一组 2 股垂直于线芯扳起，按顺时针方向紧绕两周后扳成直角，使其与线芯平行。将第二组线芯紧贴第一组线芯直角的根部扳起，按第一组的绕法缠绕两周后仍扳成直角。第三组 3 根线芯缠绕方法如前，但应三周，在绕到第二周时找准长度，剪去前两组线芯的多余部分，同时将第三组线芯再留一圈长度，其余剪去，使第三组线芯绕完第三周后正好压住前两组线芯，一端连接结束。另一端连接方法相同。

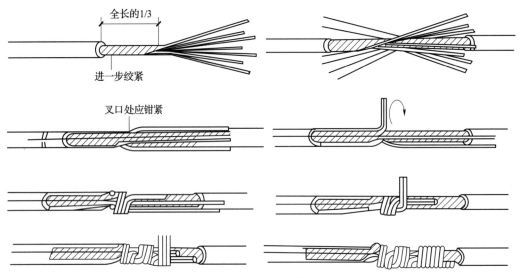

图 1-25　多股线芯的直线连接

（4）多股线芯的 T 字形连接

截面积较小的 7 股线芯连接，可采用图 1-26 所示的连接方法。将支路线芯靠近绝缘层的约 1/8 线芯绞合拧紧，其余 7/8 线芯分为两组，如图 1-26a 所示，一组插入干路线芯中，另一组放在干路线芯前面，并朝右边按图 1-26b 所示方向缠绕 4～5 圈。再将插入干路线芯中的那一组按图 1-26c 所示方向缠绕 4～5 圈，连接好的导线线芯如图 1-26d 所示。

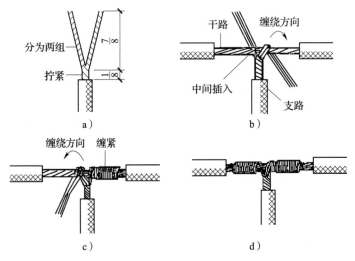

图 1-26　多股线芯 T 字形连接方法（一）

a）分股拧紧　b）缠绕第一组　c）缠绕第二组　d）连接好的导线线芯

另一种方法如图 1-27 所示，将支路线芯 90° 折弯后与干路线芯并行，如图 1-27a 所示，然后将支路线芯折回并紧密缠绕在干路线芯上即可，如图 1-27b 所示。

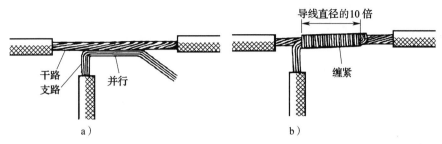

图 1-27　多股线芯 T 字形连接方法（二）

a）支路与干路　b）缠紧

（5）二芯或多芯电线、电缆的连接

二芯护套线、三芯护套线或多芯电缆在连接时，应注意尽可能将各线芯的连接点互相错开位置，可以更好地防止线间漏电或短路，如图 1-28 所示。

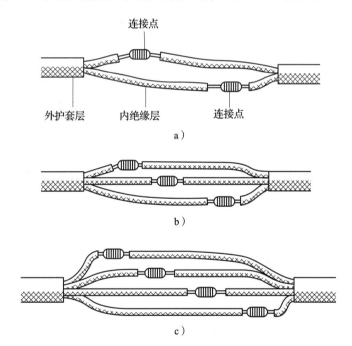

图 1-28　二芯或多芯电线、电缆的连接

a）二芯电线、电缆的连接　b）三芯电线、电缆的连接　c）四芯电线、电缆的连接

（6）多根单股线芯的连接

多根单股线芯的连接常在开关盒、灯头盒等接线盒内应用，一般采用压线帽压接法，连接方法如图 1-29 所示。将导线绝缘层剥去适当长度（按压线帽的规格型号决定），清除氧化层，按规格选用适当的压线帽，将线芯插入压线帽的压接管内，若填不实，可将线芯折回头，填满为止，导线绝缘层应和压接管平齐，并包在压线帽壳内，用专用压接钳压实即可。

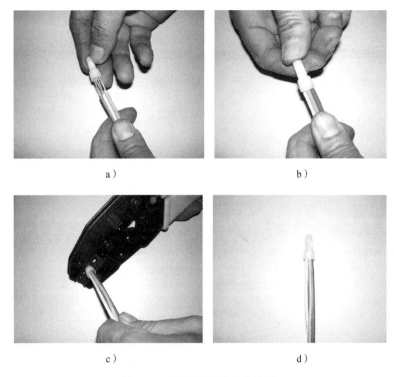

图 1-29 多根单股线芯的连接
a）压线帽与导线 b）套接压线帽 c）压接 d）成品

技能训练

1. 完成截面积为 2.5 mm²、4 mm²、6 mm² 的单股塑料导线的直线连接。

2. 完成截面积为 10 ~ 16 mm² 的多股导线的直线连接和 T 形连接。

4. 导线与建筑电气设备或器具连接

各种建筑电气设备及器具一般都采用接线桩进行导线的连接。常用的接线桩有针孔式、螺钉平压式和螺钉瓦形垫圈扣压式三种。导线与接线桩的连接是一种最基本而又最关键的操作技能，许多电气事故往往是由于导线连接质量不高而引起的。下面介绍导线与各类端子连接的具体操作方法。

（1）接线端子排（板）

如图 1-30 所示，接线端子排（板）是用于实现电气连接的一种配件，两端有孔可以插入导线，通过螺钉紧固或者松开，方便导线连接，因为常常成组出现，称为接线端子排（板），常用于低压成套设备内部元器件与外部线路的连接。

（2）导线与各类端子连接

1）线芯与针孔式接线桩的连接方法。线芯与针孔式接线桩是靠针孔顶部的压线螺钉压住线芯完成连接的，如图 1-31 所示。

图1-30　接线端子排（板）

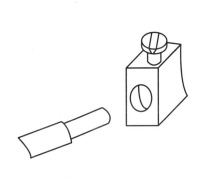

图1-31　线芯与针孔式接线桩的连接方法

①单股线芯与针孔式接线桩连接时，因为单股线芯直径一般小于针孔直径，最好将线芯折成双股并排插入针孔内，使压接螺钉顶部位于双股线芯中间。若线芯较粗，也可用单股，但应将线芯向针孔上方微折一下，使压线更加牢固。

②多股线芯与针孔式接线桩连接时，先将线芯进一步绞紧，再插入针孔内，注意线径与针孔的配合应恰当。

2）线芯与平压式接线桩的连接方法。如图1-32所示，载流量较小的单股线芯压接时，离绝缘层根部约3 mm处向外侧折角，按略大于螺钉直径弯曲圆弧，剪去线芯余端，应修正圆圈至圆。将线芯制作成压接圈后进行压接，压接前须清除连接部位的污垢，再将压接圈套入压接螺钉，上覆垫圈后，拧紧螺钉将其压牢。

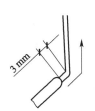
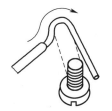

图1-32　单股线芯与平压式接线桩的连接方法

多股软线线芯与平压式接线桩连接时，如图 1-33 所示，线芯必须绞紧，不能松散，且要镀锡。端头必须全部压入垫圈下，不可外露，或用接线端子压接、焊接。

3）线芯与瓦形接线桩的连接方法。如图 1-34 所示，这是一种利用瓦形垫圈进行平压式连接的方式。连接时，为防止线芯脱落，应将线芯除去氧化层后弯成 U 形，再用瓦形垫圈进行压接。导线在与用电设备连接时，必须对其端子进行技术处理。

4）铜芯导线的封端连接。对于截面积大于 10 mm^2 的多股铜芯导线和铝芯导线，必须在端头连接好接线端子，才能与设备连接。这一项工作称为导线的封端连接。

图 1-35 为常用铜芯导线的接线端子，俗称铜鼻子。其规格与铜导线的线芯匹配，有开口式和闭口式两种产品，工程常见导线（绝缘导线、电缆）需选用与其规格匹配的接线端子，且不得采用开口接线端子。

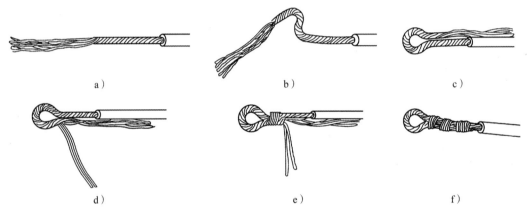

图 1-33 多股软线线芯与平压式接线桩的连接方法
a）剥切绝缘层 b）绞紧的线芯 c）回折 d）分股 e）缠两股后再分股 f）余股缠绕

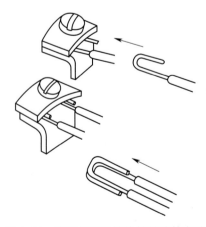

图 1-34 线芯与瓦形接线桩的连接方法

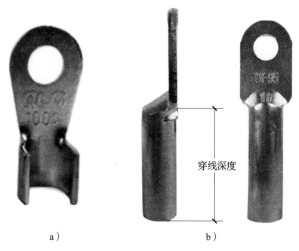

图 1–35　常用铜芯导线的接线端子（铜鼻子）

a）开口式　b）闭口式

①焊接法。焊接法又称为焊铜接线端子。采用这种方法时，应清除导线端头与接线端子内壁的氧化层污物，在焊接部位表面涂上无酸焊膏并将线芯镀锡，然后将少量焊锡放入接线端子线孔内，用酒精喷灯加热熔化，再把镀锡线芯插入接线端子，冷却即可。

②压接法。压接法又称为压铜接线端子，如图 1–36 所示。压接前清除线芯与接线端子内壁的氧化层污垢，涂上凡士林后采用油压式压接钳进行压接。

图 1–36　压接法

技能训练

1. 使用导线压接钳压接铜导线和铝导线，并用热缩管恢复绝缘。

2. 使用导线压接钳压接铝接线端子。

特别提醒

1. 小截面积铝芯导线连接前必须先涂凡士林锌膏，再清除线芯表面的氧化层，还要留有能再连接 2~3 次的长度。大截面积铝芯导线在与铜接线桩连接时，应采用铜铝过渡接头。

2. 连接时，线端必须插到针孔底部，绝缘层不能插入针孔，孔外裸线长度不得大于 3 mm。多股线芯连接时，由于载流量较大，一般采用双螺钉针孔。压接时应先拧紧靠近端口处第一只螺钉，再拧紧另一只，要反复两次，将其彻底压牢。

3. 压线圈的直径要与压接螺钉配套，不可过大。此外，无论是压线圈还是接线端子，均要放在垫圈下面，且绝缘层不得压入。

5. 导线绝缘层的恢复

（1）导线直线连接后的绝缘恢复

如图1-37所示，电力线绝缘层通常用黄蜡带包缠法进行修复，也可选用涤纶薄膜带或玻璃纤维带等绝缘材料，宽度一般在20 mm较适宜。以黄蜡带包缠法为例，380 V线路上的导线恢复绝缘时，必须先包缠1~2层黄蜡带，再包缠1层绝缘胶带；220 V线路上的导线恢复绝缘时，应先包缠1层黄蜡带，再包缠1层绝缘胶带，也可只包缠两层绝缘胶带。

包缠一层黄蜡带后，将绝缘胶带接在黄蜡带的尾端，朝相反方向斜叠包缠一层绝缘胶带，也要每圈压叠带宽的1/2。绝缘胶带包缠方法如图1-38所示。若采用塑料绝缘带进行包缠，就按上述包缠方法来回包缠3~4层后，留出10~15 mm长段，再切断塑料绝缘带，然后用火点燃留出段，并用拇指按压燃烧软化段，使其粘贴在塑料绝缘带上。

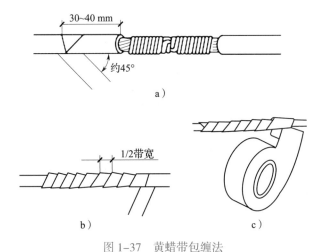

图1-37 黄蜡带包缠法

a）黄蜡带与导线包缠位置及角度 b）每圈压叠带宽的1/2包缠导线线芯 c）断开

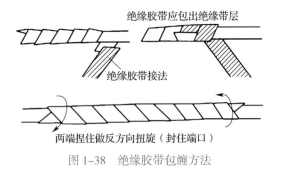

图1-38 绝缘胶带包缠方法

（2）T形连接后的绝缘恢复

T形连接后的绝缘恢复方法与直线连接的绝缘恢复方法相似，具体操作步骤如图1-39所示。

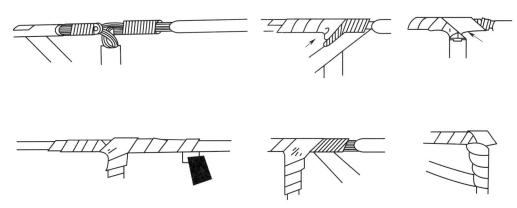

图 1-39 T 形连接后的绝缘恢复方法

（3）多根单股导线线芯连接后的绝缘恢复

多根单股导线线芯连接后的绝缘恢复方法与直线连接的绝缘恢复方法相似，如图 1-40 所示。

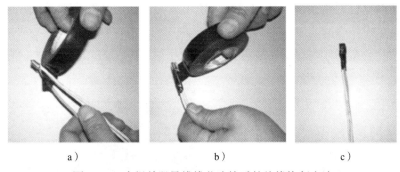

a)   b)   c)

图 1-40 多根单股导线线芯连接后的绝缘恢复方法
a）绝缘胶带与导线　b）包缠绝缘导线　c）成品

特别提醒

1. 380 V/220 V 线路上的导线进行绝缘恢复时，绝缘胶带一般包缠 2 ~ 4 层。

2. 使用绝缘胶带包缠时，胶带要拉紧，包缠要紧密、结实，并粘在一起，不能过疏，以免潮气侵入，更不允许露出芯线，以免造成触电和短路事故。

3. 绝缘胶带平时不可放在温度很高的地方，也不可浸染油脂。

技能训练

1. 将横截面积为 2.5 mm^2、4 mm^2、6 mm^2 的单股塑料导线直线连接恢复绝缘。

2. 将横截面积为 10 ~ 16 mm^2 的 7 股导线直线连接和 T 形连接恢复绝缘。

二、有线电视线、网线、电话线的终端头制作

1. 有线电视线

有线电视线即同轴射频电缆，又称为同轴电缆，如图1-41所示。它一般是由轴心重合的铜芯线和金属屏蔽网这两根导体以及绝缘体、铝复合薄膜和护套五个部分构成的。铜芯线是一根实心导体；绝缘体选用介质损耗小、工艺性能好的聚乙烯等材料制成；铝复合薄膜和金属屏蔽网共同完成屏蔽与外导电的功能，其中铝复合薄膜主要完成屏蔽功能，而金属屏蔽网则完成屏蔽与外导电双重功能，护套的作用是减缓电缆老化和避免损伤。

我国对同轴电缆的型号实行统一的命名方式，通常由四个部分组成。其中，第二、第三、第四部分均用数字表示，这些数字分别代表同轴电缆的特性阻抗（Ω）、线芯绝缘材料的外径（mm）和结构序号。例如，SYWV-75-5-1表示同轴射频电缆，绝缘材料为物理发泡聚乙烯，护套材料为聚氯乙烯，特性阻抗为75 Ω，线芯绝缘材料外径为5 mm，结构序号为1。

2. 网线及其制作方式

网线即计算机网络系统使用的导线。使用最为广泛的网线为双绞线，它由不同颜色的4对8根线芯组成，每两根按一定规则交织在一起，成为一个线芯对，作为局域网最基本的连接、传输介质。双绞线是通过RJ45接头（俗称水晶头）与通信设备连接的，如图1-42所示。

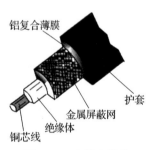

图1-41　有线电视线

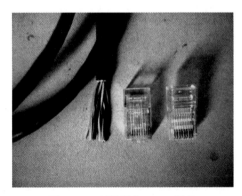

图1-42　双绞线与RJ45接头

双绞线网线的制作方式有TIA568A和TIA568B两种国际标准，如图1-43所示。线缆与8位模块式通用插座连接时，应按色标和线对顺序进行卡接，同一布线工程中两种标准不得混合使用。铜缆网线与信息插座终接时，每对线缆需保持扭绞状态。5类线缆的扭绞松开长度不应大于13 mm，6类及以上线缆的扭绞松开长度不应大于6.4 mm。

TIA568A标准描述的线序从左到右依次为：1—绿白（绿色的外层上有些白色，与绿色的是同一组线）；2—绿色；3—橙白（橙色的外层上有些白色，与橙色的是同一组线）；4—蓝色；5—蓝白（蓝色的外层上有些白色，与蓝色的是同一组线）；6—橙

色；7—棕白（棕色的外层上有些白色，与棕色的是同一组线）；8—棕色。

TIA568B 标准描述的线序从左到右依次为：1—橙白（橙色的外层上有些白色，与橙色的是同一组线）；2—橙色；3—绿白（绿色的外层上有些白色，与绿色的是同一组线）；4—蓝色；5—蓝白（蓝色的外层上有些白色，与蓝色的是同一组线）；6—绿色；7—棕白（棕色的外层上有些白色，与棕色的是同一组线）；8—棕色。

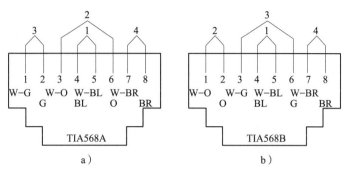

图 1-43 双绞线网线制作的国际标准

a）TIA568A b）TIA568B

3. 有线电视线、网线和电话线的终端头制作

（1）有线电视线及其终端接头的连接方法

这类终端接头用于将电视信号连接到电视机，有线电视线及其终端接头的连接方法见表 1-13。

表 1-13 有线电视线及其终端接头的连接方法

序号	工艺过程	实物图
1	剥去有线电视线的外层护套	
2	将金属屏蔽网拆散、外折，剪掉前面一段铝复合薄膜	

序号	工艺过程	实物图
3	剥去线芯的绝缘层后，接好接头	
4	用固定螺钉将铜芯拧紧，并检查屏蔽层固定器是否与金属屏蔽网良好接合	
5	旋紧绝缘套管	
6	接头成型	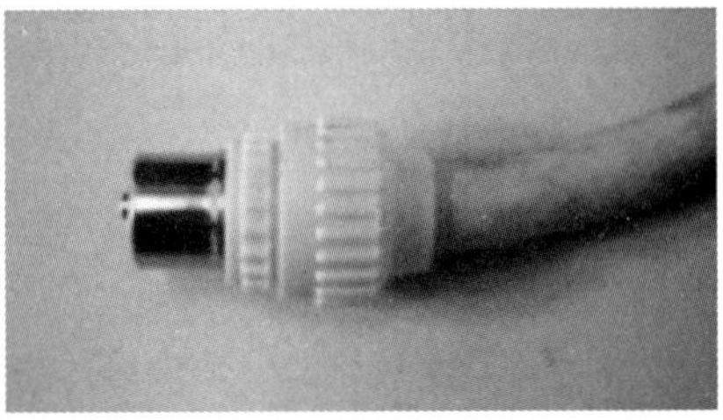

（2）双绞线与 RJ45 接头（水晶头）的连接方法

双绞线与 RJ45 接头（水晶头）的连接方法如图 1-44 所示，按如下步骤操作。

1）利用剥线剪或压线钳的剪线刀口剪裁出计划需要使用到的双绞线长度。

2）把双绞线的灰色保护层剥掉，利用压线钳的剪线刀口将线芯剪齐，再将线芯放入剥线专用的刀口，稍用力握紧压线钳慢慢旋转，让刀口划开双绞线的灰色保护层。

去掉线芯上部的灰色保护层，把每对相应缠绕在一起的线芯逐一解开，并根据接线规则把 8 根线芯依次排列理顺，尽量保持线芯扁平。

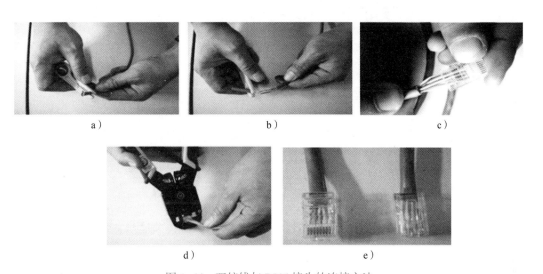

图 1-44　双绞线与 RJ45 接头的连接方法

a）测量剥切长度　b）剥切绝缘层　c）套接 RJ45 接头　d）压线　e）成型

3）仔细检查一遍依次排好的线芯，利用压线钳的剪线刀口把线芯顶部剪齐，保留去掉灰色保护层的部分（约为 15 mm），这个长度正好能将各线芯插入各自的线槽。把整理好的线芯插入水晶头内。插入的时候应缓缓用力，把 8 根线芯同时沿水晶头内的 8 个线槽插入，直至线槽的顶端。

4）确认排线无误之后就可以把水晶头插入压线钳的 8P 槽内压接，水晶头插入后，用力握紧压线钳，受力后听到轻微的"啪"声即可。

5）接头成型。

（3）电话线与水晶头的连接方法

电话线与水晶头的连接方法如图 1-45 所示，操作方法及要求和双绞线与 RJ45 接头（水晶头）的连接基本相同，所不同的是把水晶头插入压线钳的 4P 槽内压接。

a）

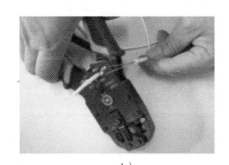

b）

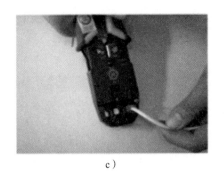
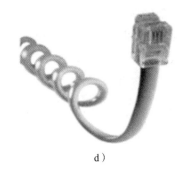

c）

d）

图 1-45　电话线与水晶头的连接方法

a）RJ45 接头 （水晶头） b）剥切绝缘层　c）套接 RJ45 接头　d）成品

特别提醒

1. 剥线时，若过长，则不能被水晶头卡住，容易松动；若过短，则因有保护层塑料的存在，不能完全插到水晶头底部，导致水晶头插针不能与线芯完好接触，影响线路质量。

2. 排列线芯时，除应注意顺序外，还应尽量避免线路的缠绕和重叠。

技能训练

练习制作有线电视线、网线和电话线的终端头。

思考练习题

1. 常见的触电形式有哪些？
2. 简述使触电者迅速脱离电源的方法。
3. 简述口对口人工呼吸和胸外心脏按压法救护方法。
4. 充油设备的灭火注意事项有哪些？
5. 常用钳具有哪些，尖嘴钳的主要用途是什么？
6. 手动液压弯管机的用途是什么？
7. 简述使用数字式万用表检查线路通断的操作步骤。
8. 单芯绝缘导线直接连接时的连接要求是什么？
9. 导线与电气设备连接有哪些规定？
10. 多芯导线直接连接时，应注意什么问题？
11. 双绞线网线的制作方式中，TIA568A 标准描述的线序是怎样的？

第二章

配电线路施工

学习目标

掌握电气配管的操作方法及工艺要求，了解线槽、桥架的安装工艺，能识别各种常用导线并掌握管内穿线和线槽配线的工艺方法，了解常用电缆施工工艺和敷设方法，了解封闭式母线的安装工艺。

本章配电线路包括室内配线和室外配线。以建筑电气分部工程（俗称强电工程）为例，室内配线工程的供电干线工程主要是电缆沿电缆桥架或保护管施工、低压插接式封闭母线安装。支线部分，电气照明工程一般是绝缘导线采用导线保护管敷设，电气动力工程一般是绝缘导线或电缆采用导线保护管敷设。室外配线工程主要是电缆采用直埋敷设、电缆管沟敷设或全程电缆保护管敷设三种常见情况。

第一节 电气配管

电气配管主要是指在室内对各种导线实现保护的导管的敷设。常用导管有套接紧定式薄壁钢管（简称 JDG 管）、焊接钢管、镀锌钢管、刚性阻燃管、可挠金属保护管（又称普利卡金属套管）、金属软管等。根据设计要求不同，导管可以有不同的敷设位置和敷设方式，如在各种砖砌体、现浇混凝土结构的内部（又称暗配）或表面（又称明配）敷设，在不破坏钢结构的前提下，在钢结构表面采用支架固定，采用钢索将导管敷设在图纸指定位置。

本节主要介绍套接 JDG 管、焊接钢管、刚性阻燃管三种常见导管的施工工艺和验收要求。

一、导管加工

1. 导管的进场验收

（1）查验合格证

钢导管应有产品质量证明书，塑料导管应有合格证及相应检测报告。

（2）外观检查

钢导管应无压扁，内壁应光滑；非镀锌钢导管不应有锈蚀，油漆应完整；镀锌钢导管镀层覆盖应完整，表面无锈斑；塑料导管及配件不应碎裂，表面应有阻燃标记和制造厂家商标。

（3）抽样检测

应按批抽样检测导管的管径、壁厚及均匀度，并应符合国家现行有关产品标准的规定。

（4）质量异议处理

对机械连接的钢导管及其配件的电气连续性有异议时，应按现行国家标准《电缆管理用导管系统 第1部分：通用要求》（GB/T 20041.1—2015）的有关规定进行检验。对塑料导管及配件的阻燃性能有异议时，应按批抽样送有资质的试验室检测。

2. JDG 管加工

（1）切管

按图纸设计要求测量需要的长度，将管切断。切割 JDG 管时采用细齿锯，切割时要注意使锯条与管的轴线保持垂直，避免切断处出现马蹄口。推锯时稍加用力，但用力不要过猛，以免弄断锯条；回锯时不加压力，锯稍抬起，尽量减少锯条磨损；当快要切断时，要减慢锯割速度，使管平稳地锯断。为防止锯条发热，要时常注意在锯条口上注油。管被切断后，断口处应与管轴线垂直，管口应锉平、刮光。当出现马蹄口后，应重新切割。严禁用电、气焊切割钢管。镀锌层若有剥落，应在剥落处刷防锈漆。

（2）弯管

管径为 25 mm 及以下时，可使用手扳煨管器，将管插入煨管器，逐步煨出所需的角度；管径为 32 mm 及以上时，可采用成品弯头。

3. 焊接钢管加工

（1）除锈和刷漆

焊接钢管出厂未做金属防护，为防止生锈，配管前要除锈并刷防锈漆。管内壁除锈采用长手柄圆形钢刷来回拉动，管外壁除锈可用钢丝刷或电动除锈机。除锈后，按要求将管的内外壁刷防锈漆。如图 2-1 所示，焊接钢管内壁刷防锈漆时，可用圆钢焊

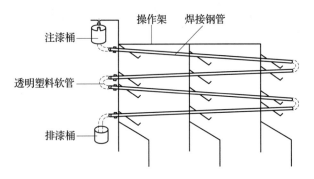

图 2-1　焊接钢管内壁刷防锈漆

接成能放置数根钢管的操作架，把焊接钢管交错倾斜放置在操作架上，用透明塑料软管将其接成一体，在最上一层管口处灌入防锈漆，从最下一层管口内自然排出后，即可实现管内壁刷防锈漆。

埋入混凝土内的焊接钢管外表面可以不刷防锈漆；埋入焦渣垫层内的焊接钢管用水泥砂浆全面保护，厚度不应小于 50 mm；土层内的焊接钢管刷两道沥青油或用厚度不小于 50 mm 混凝土保护层保护；埋入有腐蚀性土层内的焊接钢管应刷沥青油后缠麻（或玻璃丝布），外面再刷一道沥青油，包缠要紧密，不得有空隙，刷油要均匀；埋入砖墙内的焊接钢管内外壁均须刷防锈漆；焊接钢管明敷时，应刷一道防腐漆、一道灰漆，若设计有规定，灰漆层按设计规定刷漆。

（2）切管

配管前，根据设计图纸需要长度切管，可用图 2-2 所示砂轮切割机切割，也可用钢锯、割管器切割，严禁用气割切断焊接钢管。断口处应平齐不歪斜，管口应刮锉光滑，无毛刺，并清除管内铁屑。

图 2-2 砂轮切割机

（3）套螺纹

焊接钢管的连接可采用套管螺纹连接，也可以采用套管焊接。如果采用套管螺纹连接，则须在管端部套螺纹。套螺纹（又称为套丝）时采用绞板、套管机，根据管外径选择相应板牙，如图 2-3 所示，将管子的一小部分伸出台虎钳或龙门压架，并钳牢，再把绞板套在管端，均匀用力，不得过猛，或用省力高效的电动套螺纹机。管径为 20 mm 及以下时，应分二板套成；管径为 25 mm 及以上时，应分三板套成。

焊接钢管与盒、配电箱连接处的套螺纹长度应不小于管外径的 1.5 倍；焊接钢管之间连接处套螺纹长度不应小于管接头长度的 1/2 加 2~4 扣；需倒螺纹连接时，连接管的一端套螺纹长度应不小于管接头长度加 2~4 扣。

（4）管弯曲

要想改变管路敷设方向，就需要对管进行弯曲，又称管煨弯，有冷弯（煨）法和热弯（煨）法两种，一般常采用冷弯（煨）法。

图 2-4 所示为三种弯管器：管径为 20 mm 及以下时，使用手动弯管器；管径为 20~50 mm 时，使用手动液压弯管器；管径为 50 mm 以上时，使用电动弯管器。

a)   b)

图 2-3　焊接钢管套螺纹

a）绞板　b）套螺纹

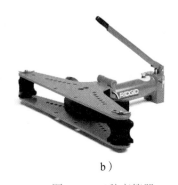

a)   b)   c)

图 2-4　三种弯管器

a）手动弯管器　b）手动液压弯管器　c）电动弯管器

用手动弯管器弯管时，先在需弯曲处做标记，然后将管需弯曲部位的前段置于弯管器内，再用脚踩住管，扳动弯管器手柄，加一点力，使管略有弯曲，立即换下一个点，沿管的弯曲方向逐点移动弯管器，弯出所需弯度。

用液压弯管器弯管时，将管放入模具，操作弯管器，弯出所需形状。

4. 刚性阻燃管加工

（1）切管

刚性阻燃管可用钢锯、带锯、电工刀切断。如图 2-5a 所示，操作时用力应均匀平稳，不能用力过猛，用锯条切断时应直接锯到底，切断后的管口应平整不歪斜。

（2）弯管

如图 2-5b 所示，DN25 及以下的小管径刚性阻燃管可以用冷弯法弯管。将弯管弹簧插入管内需弯曲处，两手握紧管两头，缓慢使其弯曲。考虑管的回弹，实际弯曲角度应比所需弯曲角度小 15° 左右。待回弹后，检查管的弯曲角度，若不符合要求，应继续弯曲到符合要求为止，最后逆时针方向扭转弹簧，将其抽出。当管较长时，可将弹簧两端系上绳或细铁丝，一边拉，一边放松，将弹簧拉出。

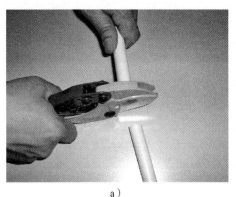
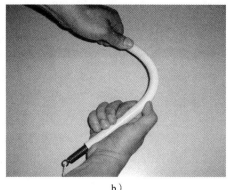

a）　　　　　　　　　　　　　　b）

图 2-5　刚性阻燃管的加工

a）切管　b）弯管

二、导管敷设

在完成管的预制加工后，配合建筑施工的进行，测定盒箱位置并稳注盒箱，实现管路连接，并完成管与管、管与盒箱连接处的接地跨接。

1. 砖混结构暗配管

在建筑内的砖砌体（标准砖、空心砖）、现浇混凝土结构上均可正常配合土建专业预埋暗配钢管。

（1）暗配管敷设要求

暗配管敷设的基本要求是"最短径、弯头少、不外露"。管路超过规定长度时应加大管径或加装接线盒，接线盒的间距应符合国家标准《1 kV 及以下配线工程施工与验收规范》（GB 50575—2010）的规定（无弯曲时 40 m，有一个弯时 30 m，有两个弯时 20 m，有三个弯时 10 m）。进入灯头盒的导管数量不宜超过 4 根，否则宜采用高身接线盒。暗装灯头盒、开关盒及接线盒的备用敲落孔一律不得敲落，当暗装在易燃结构部位及易燃装饰材料附近时，应对周围的易燃物做好隔热防火处理。钢导管与用电设备间接连接的管口距地面或楼面的高度宜大于 0.2 m。

1）现浇楼板及垫层内暗配管要求（见图 2-6）。现浇混凝土楼板内的管敷设应在模板支好后，根据图纸要求及土建放线进行划线定位，确定好管、盒的位置，待土建底筋绑好而顶筋未铺时敷设盒、管，并加以固定。直线敷设时，固定间距不大于 1 m。土建顶筋绑好后，应再检查管的固定情况，并对盒进行封堵。施工中应注意，敷设在钢筋混凝土现浇楼板内的钢管或电线管的最大外径不宜大于板厚的 1/3，并且一般线路管与楼板表面净距离不应小于 15 mm，消防线路管与楼板表面净距离不应小于 30 mm。楼板内的管线较多，施工时应根据实际情况分层、分段进行，管路敷设时只考虑一个交叉。先敷设好已预埋于墙体等部位的管，再连接与盒箱连接的管，最后连接中间的管，并应先敷设带弯的管再连接直管。并行的管子间距不应小于 25 mm，使管周围能够充满混凝土，避免出现空洞。楼面垫层厚度为 35~50 mm 时，可敷设 DN15 及以下钢管或电线管；楼面垫层厚度为 50~70 mm 时，可敷设 DN25 及以下钢管或电线管；楼面垫层厚度为 90 mm 以上时，可敷设 DN32 及以下钢管或电线管。有防水层时，管不允许通过防水层。

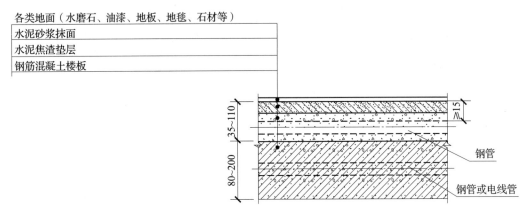

图 2-6　现浇楼板及垫层内暗配管要求

2）现浇混凝土墙体内的配管要求。应在两层钢筋网中沿最近的路径敷设，并沿钢筋内侧进行绑扎固定，绑扎间距不应大于 1 m，柱内暗配管应与柱主筋绑扎牢固。当暗配管穿过柱时，应适当加筋，减少暗配管对结构的影响。柱内管路需与墙连接时，伸出柱外的短管不应过长，以免碰断。

3）梁内配管要求。管路的敷设应尽量避开梁。如果避不开时要注意：管竖向穿梁时，应选择从梁内受剪力、应力较小的部位（梁净跨度的 1/3 的中跨区域内）穿过，当管较多时需并排敷设，管间距同样不应小于 25 mm，并应与土建协商适当加筋；管横向穿梁时，也应选择从梁内受剪力、应力较小的部位穿过，管距底筋上侧的距离不小于 50 mm，且管接头尽量避免放于梁内。灯头盒若需设置在梁内，其管顺梁敷设时，应沿梁的中部敷设，并可靠固定，管可煨成 90° 弯从灯头盒顶部的敲落孔进入，也可煨成鸭脖弯从灯头盒侧面的敲落孔进入。

4）砖砌体墙内的暗配管要求。暗敷在砖砌体墙内的管，不宜长距离横向预埋或开槽暗配。其中，空心砖墙上暗配立管，可在管敷设位置墙体改空心砖为普通砖立砌，或现浇一条垂直的混凝土带将导管保护起来。若建筑砖砌体是加气混凝土砌块墙体，除配电箱需配合砌筑预埋外，线路的管及盒敷设均在墙体砌筑后开槽将导管暗配在图纸指定位置。在加气混凝土砌块隔墙内设置管、盒，应在已确定的盒位四周钻孔凿洞，考虑抹灰层的厚度，使盒口突出部位尽量与抹灰后的墙面平齐。在管敷设部位两边弹线，用切割机切槽后再剔槽，槽的宽度不宜大于管外径加 15 mm，深度不宜小于管外径加 15 mm。连接好管与盒（箱）后，每隔 0.5 m 用钉子和镀锌铁丝在管两侧固定，并用强度等级不小于 M10 的水泥砂浆把沟槽抹平，把盒周围抹牢。

（2）盒（箱）定位

在配管前应按设计图纸确定好配电设备、各种盒（箱）及用电设备轴线位置。在楼板内配管时，应在土建模板支设完毕后，以土建弹出的水平线为基准，用水平管对标高误差，按照最高点统一在盒（箱）做好标记挂线找平、线坠找正，在模板上标注灯具、插座、探测器、接线盒、配电箱的位置。当室内只有一盏灯时，其灯位盒应设在纵横墙（或梁）净尺寸中心线的交叉处；当室内有两盏灯时，灯位盒应设在短轴线墙（或梁）净尺寸中心线与长轴线墙（或梁）净尺寸1/4的交叉处。公共建筑走廊照明灯具应按其顶部建筑结构不同，合理地布置灯位盒的位置，当走廊顶部无凸出楼板下部的梁时，除考虑好楼梯对应处的灯位盒外，其他灯位盒宜沿走廊中心线均匀分布。如果走廊顶部有凸出楼板下部的梁，确定灯位时，灯位盒与梁之间的距离应协调，均匀一致，力求实用美观。

（3）稳注盒（箱）

墙体上稳注盒（箱）时要平整牢固，坐标位置准确，盒（箱）口封堵完好；当盒（箱）保护层小于3 mm时，为防止墙体空裂，需加金属网后再抹灰。凡盒（箱）口距结构装修完成面大于2 mm时，必须加装套盒。

顶板上稳注灯头盒坐标位置应准确，盒子要封堵完好。

（4）管路连接

暗配镀锌钢管和壁厚小于等于2 mm的JDG管不得采用套管熔焊连接，金属导管严禁对口熔焊连接，焊接钢管暗配时可采用螺纹连接和套管焊接两种方式，刚性阻燃管可采用成品管接头连接或套管连接或插入法连接。

1）JDG管。JDG管采用JDG管接头连接，如图2-7所示。所用管接头的紧定螺钉应采用专用工具操作，不应敲打、切断、折断螺帽，严禁熔焊连接。管路连接处两侧的管口应平整、光滑、无毛刺、无变形，当管径为32 mm及以上时，连接套管每端的紧定螺钉应不少于2个。

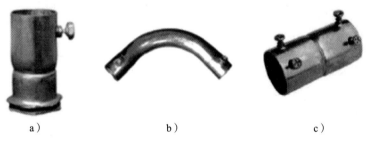

a) b) c)

图2-7 JDG管接头
a）螺纹接头 b）弯管接头 c）直管接头

直管连接时，两管口分别插入直管接头中间，管插入连接套管紧贴凹槽处两端，然后用专用旋具拧紧螺钉直至螺帽脱落。JDG管与盒（箱）连接时采用专用螺纹接头连接，管口宜高出盒（箱）内壁3~5 mm，管与盒（箱）连接固定时，先套上JDG螺纹接头，一管一孔顺直插入与管径吻合的敲落孔内，伸进长度宜为3~5 mm，然后将螺纹接头的六角爪型螺母在盒（箱）内侧拧上，并旋紧，接着用专用旋具拧紧螺纹接头上的紧定螺钉，直至螺帽脱落。紧定螺钉在管连接及管与盒（箱）连接处都应处于可以看见的地方。最后在管口套上塑料护口，并用锯末将灯头盒（接线盒）填塞满，盖上盒盖，拧紧螺钉。管路与盒（箱）连接时，应一孔一管，管径与盒（箱）敲落孔应吻合，爪型螺母和螺纹接头应锁紧，两根及以上管路与盒箱连接时，排列应整齐，间距均匀。

2）焊接钢管。螺纹连接时，管端螺纹长度不应小于管接头长度的 1/2，连接后，螺纹宜外露 2 ~ 3 扣，且应光滑、无损；套管连接时，套管可订购成品，也可用大一级管径的管加工，套管长度宜为管外径的 1.5 ~ 3 倍，两连接管对口处应在套管中心，套管周边焊接应牢固、严密。

3）刚性阻燃管。管路连接使用套管连接时，可以用比连接管管径大一级的同类管做套管，如图 2-8 所示，套管长度宜为管外径的 1.5 ~ 3 倍，用专用黏结剂均匀涂抹在需连接的管外壁，从两端插入套管内，连接管对口处应在套管中心，黏结后 1 min 内不得移位，接口应牢固密封。

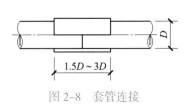

图 2-8　套管连接

（5）管路接地

金属管连接完成后，还需将管与管（盒）连接处进行接地跨接，以保证其电气连通性，防止导线绝缘可能损伤而使管带电，造成事故。

1）JDG 管。管路及其金属附件组成的电线管路，当管与管、管与盒（箱）连接符合套接式钢导管管路连接的规定时，连接处可不设置跨接地线，管路外壳应有可靠接地。管路接地跨接不应采用熔焊连接，宜采用专用接地卡跨接截面积不小于 4 mm^2 的编织软铜线。

2）焊接钢管。焊接钢管的连接采用螺纹连接时，在连接处用相应的圆钢或扁钢焊接进行接地跨接。接地跨接线规格选择见表 2-1。管接头两端跨接线如果选用圆钢，其焊接长度不小于圆钢直径的 6 倍，且距管接头两端不宜小于 50 mm。盒（箱）上焊接面积不应小于跨接接地线截面积，且应在盒（箱）的棱边上焊接。

表 2-1　　　　　　　　　　　接地跨接线规格选择

焊接钢管公称直径（mm）	圆钢规格（mm）	扁钢规格（mm×mm）
15 ~ 25	$\phi 6$	
32	$\phi 8$	
40 ~ 50	$\phi 10$	
65 ~ 80	$\phi 12$	-25×4

砖混结构暗配的焊接钢管与配电箱连接及接地的做法如图 2-9 所示。

（6）暗配管过伸缩沉降缝（变形缝）处理

当暗配管过伸缩沉降缝（变形缝）时，需要进行补偿处理。方法很多，图 2-10 是现浇楼板内的暗配管过变形缝做法。

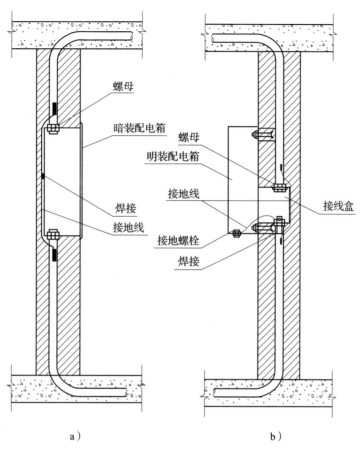

a)　　　　　　　　　　　　b)

图 2-9　砖混结构暗配的焊接钢管与配电箱连接及接地的做法

a）暗配管暗箱做法　b）暗配管明箱做法

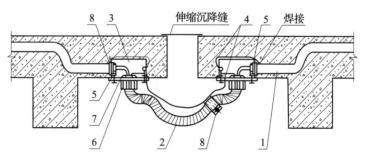

图 2-10　现浇楼板内的暗配管过变形缝做法

1—钢管　2—可挠金属电线保护管　3—接线盒　4—接地线

5—护圈帽　6—活接头　7—绝缘护套　8—锁母

2. 砖混结构明配管

如图 2-11 所示，在砖混结构上明配钢管可以沿建筑表面用管卡将单根管固定，也可采用支架、吊架将管固定。

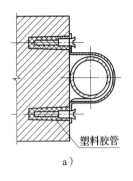
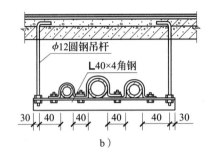
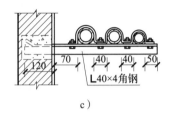

图 2-11 砖混结构明配管

a）用管卡固定在墙上 b）用吊架吊装在顶板下 c）用支架固定在墙上

（1）明配管敷设要求

明配管敷设的基本要求是"横平竖直、整齐美观、固定牢靠"。明配钢管之间、管与盒（箱）间不应采用熔焊连接，应采用螺纹连接或套管紧定螺钉连接。

明配管固定点的距离应均匀，固定点与终端、转弯中点、电气器具或接线盒边缘的距离为 150～500 mm，中间直线段固定点的最大距离见表 2-2。

表 2-2 明配管中间直线段固定点的最大距离

敷设方式	导管种类	导管直径（mm）			
		15～20	25～32	40～50	65 以上
		固定点的最大距离（m）			
支架、吊架或管卡沿墙明敷	壁厚大于 2 mm 的刚性钢导管	1.5	2.0	2.5	3.5
	壁厚不大于 2 mm 的刚性钢导管	1.0	1.5	2.0	—
	刚性绝缘导管	1.0	1.5	2.0	2.0

（2）施工操作要点

根据设计图要求及时绘出综合布置图，确定好明配管的走向和位置，加工支架、吊架并安装固定，测定盒（箱）位置，连接管路，做好金属管地线连接。

1）支架、吊架的预制加工。当设计无要求时，圆钢支架规格不应小于直径 8 mm，扁钢支架规格不应小于 30 mm×3 mm，角钢支架规格不应小于 25 mm×25 mm×3 mm，并应设置防晃支架，埋注支架应有燕尾，埋注深度不应小于 120 mm。

2）测定盒（箱）及固定点位置并固定支架、吊架。根据设计测量盒（箱）等准确位置，弹出管路垂直、水平走向的线，根据表 2-2 确定支架、吊架的具体位置。配合土建结构安装好预埋件，设置好预留洞。采用剔注法固定支架，应在抹灰前进行；采用膨胀螺栓固定支架，应在抹灰后进行。

3）盒（箱）固定。由地面引出钢管至成套配电箱时，在箱下侧 100～150 mm 处加稳固支架，将管固定在支架上，盒（箱）安装应牢固、平整，开孔整齐并与管径相吻合。钢制盒（箱）严禁用电气焊开孔。

4）管路敷设。管路敷设应牢固顺畅，采用管卡敷设时，先将管卡一端的螺钉拧紧一半，然后将管敷设在管卡内，逐个拧牢。在吊顶内敷设时，管应敷设在主龙骨的上边，管口与盒（箱）口一管一口垂直连接。直径 25 mm 以上的管和成排管应单独设支架。

3. 钢结构支架配管及钢索配管

（1）钢结构支架配管

除设计要求外，承力建筑钢结构构件上不得采用熔焊连接固定线路的支架、螺栓等部件，且严禁热加工开孔，可按图 2-12 所示配管。

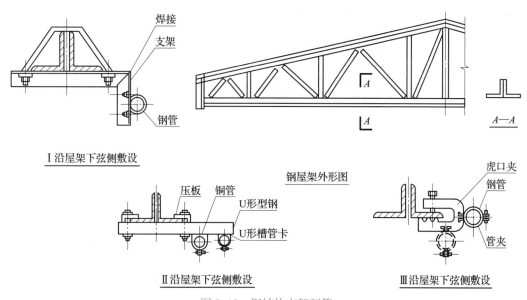

图 2-12　钢结构支架配管

（2）钢索配管

钢索配管一般适用于屋架较高、跨距较大，而灯具要求安装高度较低的场合。配管之前，需进行钢索架设，钢索所用的钢绞线的截面积应根据跨距、荷重和机械强度选择，最小截面积不宜小于 10 mm²，钢索的安全系数不应小于 2.5。室内场所钢索宜采用镀锌钢绞线。屋外布线及敷设在室外、潮湿和有酸、碱、盐腐蚀的场所时，应采取防腐蚀措施，如用塑料护套钢索。不得使用容易吸灰而腐蚀含油芯的钢索。钢索上绝缘导线至地面的距离，室内不应小于 2.5 m，室外不应小于 2.7 m。

钢索的主要安装配件有拉环、花篮螺栓、索具套环、钢索卡等，见表 2-3。

钢索在墙上架设安装如图 2-13 所示，施工前钢索应做预伸处理，拉紧后其弛度不应大于 100 mm。跨距较大时，应在钢索中间增加支撑点，中间的支撑点间距不应大于 12 m。

表 2-3   钢索的主要安装配件

名称	外形	作用
拉环		用于在建筑物上固定钢索，为保证强度，拉环应选用直径不小于 16 mm 的圆钢制作，有一式拉环和二式拉环两种
花篮螺栓		用于拉紧钢索，并起调整作用，钢索长度超过 50 m 时，钢索两端均应加花篮螺栓，每超过 50 m 加一个
索具套环		又称心形环，用于钢绞线固定连接附件，在钢绞线与钢绞线或其他附件连接时，一端嵌在套环的凹槽中，形成环状，可对钢绞线起保护作用
钢索卡		用于夹紧钢索末端，钢索末端与花篮螺栓固定处不得少于两个钢索卡

    拉环在墙上固定的方法可根据建筑墙体实际情况，按图 2-13a 所示两种方法进行选择。钢索架设完成后，可以按图纸设计的要求进行钢索配管，在吊装钢管时，应按照先干线后支线的顺序进行，把加工好的钢管从始端到终端按顺序连接，钢管与接线盒的丝扣应拧牢固，然后将钢管逐段固定。

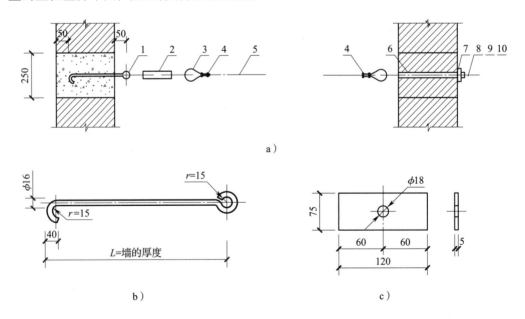

图 2-13　钢索在墙上架设安装

a）墙上安装钢索　b）1 号零件　c）7 号零件　d）8 号零件

1、8—ϕ16 拉环（按受力不大于 3 900 N 考虑）　2—花篮螺栓　3—索具套环　4—钢索卡　5—钢索

6—套管（TC25）　7—垫板（120 mm × 75 mm × 5 mm）　9—螺母（M16 A 级 2 型）　10—垫圈

钢索配管要求如图 2-14 所示，钢管的直线段吊卡的间距 L 不超过 1.5 m，吊卡距灯位盒不超过 0.2 m。

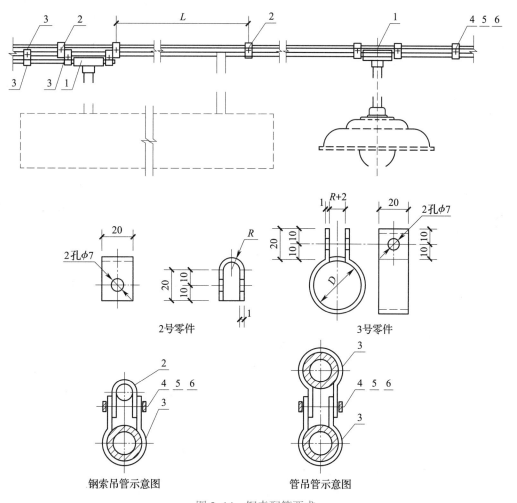

图 2-14　钢索配管要求

R—钢索半径　D—钢管管径　1—吊灯接线盒　2、3—吊卡（-20 × 1）

4—螺钉（M6 × 20 mm）　5—螺母（M6，A 级，2 型）　6—垫圈

三、电气配管验收要求

电气配管项目大部分都是隐蔽工程，施工过程中应按国家标准《建筑电气工程施工质量验收规范》（GB 50303—2015）的验收要求严格施工，并做好隐蔽工程检查记录表，以便于后期进行工程检查。

1. 主控项目

（1）金属导管应与保护导体可靠连接

1）镀锌钢导管、可弯曲金属导管和金属柔性导管不得熔焊连接。

2）当非镀锌钢导管采用螺纹连接时，连接处的两端应熔焊焊接保护联结导体；镀锌钢导管、可弯曲金属导管和金属柔性导管连接处的两端宜采用专用接地卡固定保护联结导体。

3）机械连接的金属导管，管与管、管与盒（箱）体的连接配件应选用配套部件，其连接应符合产品技术文件要求，当连接处的接触电阻值符合现行国家标准《电缆管理用导管系统 第 1 部分：通用要求》（GB/T 20041.1—2015）的相关要求时，连接处可不设置保护联结导体，但导管不应作为保护导体的接续导体。

4）金属导管与金属梯架、托盘连接时，镀锌材质的连接端应采用专用接地卡固定保护联结导体，非镀锌材质的连接处应熔焊焊接保护联结导体。

5）以专用接地卡固定的保护联结导体应为截面积不小于 4 mm² 的铜芯软导线；以熔焊焊接的保护联结导体应为直径不小于 6 mm 的圆钢，其搭接长度应为圆钢直径的 6 倍。

（2）钢导管连接

钢导管不得采用对口熔焊连接，镀锌钢导管或壁厚不大于 2 mm 的钢导管不得采用套管熔焊连接。

（3）塑料导管砌体上剔槽埋设要求

当塑料导管在砌体上剔槽埋设时，应采用强度等级不小于 M10 的水泥砂浆抹面保护，保护层厚度不应小于 15 mm。

（4）导管穿越密闭或防护密闭隔墙

导管穿越密闭或防护密闭隔墙时，应设置预埋套管，预埋套管的制作和安装应符合设计要求，套管两端伸出墙面的长度宜为 30～50 mm，导管穿越密闭穿墙套管的两侧应设置过线盒，并应做好封堵。

（5）钢索配管

钢索的钢丝直径应小于 0.5 mm，不应有扭曲和断股等缺陷。钢索与终端拉环套接应采用索具套环，固定钢索的线卡不应少于 2 个，钢索端头应用镀锌铁线绑扎紧密，且应与保护导体可靠连接。钢索的终端拉环埋件应牢固可靠，并应能承受钢索全部负荷下的拉力，在挂索前应对拉环做过载试验，试验拉力应为设计承载拉力的 3.5 倍。当钢索长度不超过 50 m 时，可在一端装设索具螺旋扣紧固；当钢索长度超过 50 m 时，应在两端装设索具螺旋扣紧固。

2. 一般项目

（1）导管弯曲半径要求

1）明配导管的弯曲半径不宜小于管外径的 6 倍，当两个接线盒间只有一处弯曲时，其弯曲半径不宜小于管外径的 4 倍。

2）埋设于混凝土内的导管的弯曲半径不宜小于管外径的 6 倍，当直埋于地下时，其弯曲半径不宜小于管外径的 10 倍。

3）电缆导管的弯曲半径不应小于电缆最小允许弯曲半径。

（2）导管支架安装要求

1）除设计要求外，承力建筑钢结构构件上不得熔焊导管支架，且不得热加工开孔。

2）当导管采用金属吊架固定时，圆钢直径不得小于 8 mm，并应设置防晃支架，在距离盒（箱）、分支处或端部 0.3 ~ 0.5 m 处应设置固定支架。

3）金属支架应进行防腐处理，位于室外及潮湿场所的应按设计要求进行处理。

4）导管支架应安装牢固，无明显扭曲。

（3）暗配管埋深要求

1）除设计要求外，对于暗配的导管，导管表面埋设深度与建筑物、构筑物表面的距离不应小于 15 mm，如果是消防线路，该距离不应小于 30 mm。

2）进入配电（控制）柜（台、箱）内的导管管口，当箱底无封板时，管口应高出柜（台、箱、盘）的基础面 50 ~ 80 mm。

（4）室外导管敷设规定

1）对于埋地敷设的钢导管，埋设深度应符合设计要求，钢导管的壁厚应大于 2 mm。

2）导管管口不应敞口竖直向上，应在盒（箱）内或导管端部设置防水弯。

3）由箱式变电所或落地式配电箱引向建筑物的导管，建筑物一侧的导管管口应设在建筑物内。

4）导管的管口在穿入绝缘导线、电缆后应做密封处理。

（5）明配导管规定

1）导管应排列整齐、安装牢固，固定点间距均匀。

2）在距终端、弯头中点或柜（台、箱、盘）等边缘 150 ~ 500 mm 范围内应设有固定管卡，中间直线段固定管卡间的最大距离应符合相关规定。

3）明配管采用的接线或过渡盒（箱）应选用明装盒（箱）。

（6）塑料导管敷设规定

1）管口应平整光滑，管与管、管与盒（箱）等器件采用插入法连接时，连接处接合面应涂专用黏合剂，接口应牢固密封。

2）直埋于地下或楼板内的刚性塑料导管，其穿出地面或楼板易受机械损伤的一段应采取保护措施。

3）当设计无要求时，埋设在墙内或混凝土内的塑料导管应采用中型及以上的导管。

4）沿建筑物、构筑物表面和在支架上敷设的刚性塑料导管，应按设计要求装设温度补偿装置。

（7）可弯曲金属导管及柔性导管敷设规定

1）刚性导管经柔性导管与电气设备、器具连接时，柔性导管的长度在动力工程中不宜大于 0.8 m，在照明工程中不宜大于 1.2 m。

2）可弯曲金属导管或柔性导管与刚性导管或电气设备、器具间的连接应采用专用接头。防液型可弯曲金属导管或柔性导管的连接处应密封良好，防液覆盖层应完整无损。

3）当可弯曲金属导管有可能受重物压力或明显机械撞击时，应采取保护措施。

4）明配的金属、非金属柔性导管固定点间距应均匀，不应大于 1 m，管卡与设备、器具、弯头中点、管端等边缘的距离应小于 0.3 m。

5）可弯曲金属导管和金属柔性导管不应做保护导体的接续导体。

（8）导管敷设其他规定

1）导管穿越外墙时应设置防水套管，且应做好防水处理。

2）钢导管或刚性塑料导管跨越建筑物变形缝处应设置补偿装置。

3）除埋设于混凝土内的钢导管内壁应做防腐处理，外壁可不做防腐处理外，其余场所敷设的钢导管内、外壁均应做防腐处理。

4）导管或配线槽盒与热水管、蒸汽管平行敷设时，宜敷设在热水管、蒸汽管的下面，当有困难时，可敷设在其上面，相互间的最小距离见表 2-4。

表 2-4   导管或配线槽盒与热水管、蒸汽管平行敷设时相互间的最小距离   mm

导管或配线槽盒的敷设位置	管道种类	
	热水管	蒸汽管
在热水管、蒸汽管上面平行敷设	300	1 000
在热水管、蒸汽管下面或水平平行敷设	200	500
与热水管、蒸汽管交叉敷设	不小于平行敷设时的净距	

对有保温措施的热水管、蒸汽管，其最小距离不宜小于 200 mm；导管或配线槽盒与不含可燃及易燃易爆气体的其他管道的距离，平行或交叉敷设均不应小于 100 mm；导管或配线槽盒与含可燃及易燃易爆气体的管道不宜平行敷设，交叉敷设处距离不应小于 100 mm；达不到规定距离时应采取可靠、有效的隔离保护措施。

5）水平敷设的线管如遇下列情况之一，应在中间便于穿线位置增加接线盒：无弯曲且直线长度每大于 40 m，有一个弯曲且长度每大于 30 m，有两个弯曲且长度每大于 20 m，有三个弯曲且长度每大于 10 m。

6）垂直敷设的线管如遇下列情况之一，应增设固定导线用的拉线盒：管内导线截面积为 50 mm² 及以下，长度每大于 30 m；管内导线截面积为 70～95 mm²，长度每大于 20 m；管内导线截面积为 120～240 mm²，长度每大于 18 m。

技能训练

1. 按照如图 2-15 所示的要求，在训练墙或训练板上用中型刚性阻燃管及配套接线盒加工并敷设管路（采用明敷的方式）。

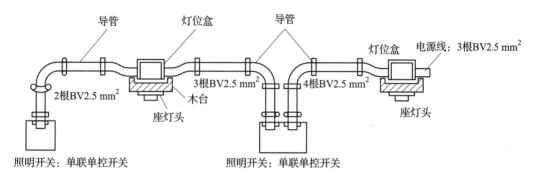

图 2-15　刚性阻燃管明敷技能训练

2. 组装一组 5 m 长的钢索。

3. 按图 2-16 所示尺寸，用 DN15 焊接钢管，计算其弯曲半径；管一端套螺纹，写出套螺纹要求；按规范进行切割、弯曲、连接等项目的加工训练。

4. 阅读图 2-17 所示线管敷设剖面示意图，确定线管暗敷设在墙内的位置。

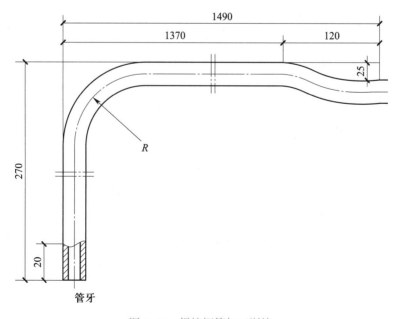

图 2-16　焊接钢管加工训练

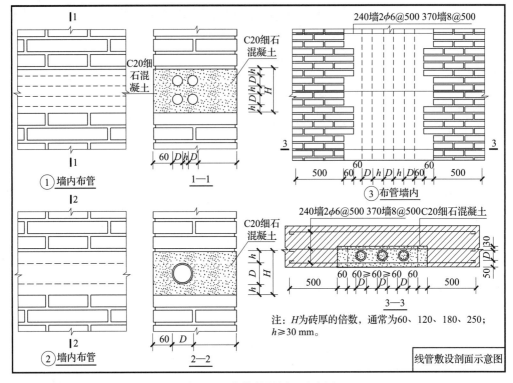

图 2-17　线管敷设剖面示意图

第二节　电缆桥架、线槽安装

电缆桥架和线槽都是横断面呈矩形的一种导线保护材料，其规格均用横断面底边宽度（mm）和边高（mm）表示。其中，电缆桥架的结构形式有槽盒式（C）、托盘式（P）、梯级式（T）三种，材料有钢、不锈钢、铝合金、玻璃钢等，通常是厚度不大于3 mm的钢材，出厂时表面采用喷塑、镀锌等工艺防腐处理，如有防火要求，生产厂家会按规范增加防火材料。线槽的材料有塑料和钢两种，一般用于较小规格导线的保护。

一、电缆桥架安装

电缆桥架的安装可采用支架或吊架沿顶板安装、沿墙水平和垂直安装等方式。安装所用支（吊）架可选用成品或型钢自制。支（吊）架的固定方式主要有预埋铁件上焊接、膨胀螺栓固定等。

1. 电缆桥架安装工艺流程
电缆桥架安装工艺流程如图2-18所示，电缆桥架安装示意图如图2-19所示。

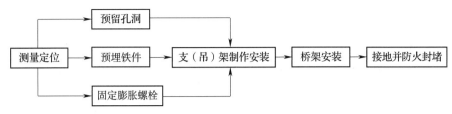

图 2-18　电缆桥架安装工艺流程

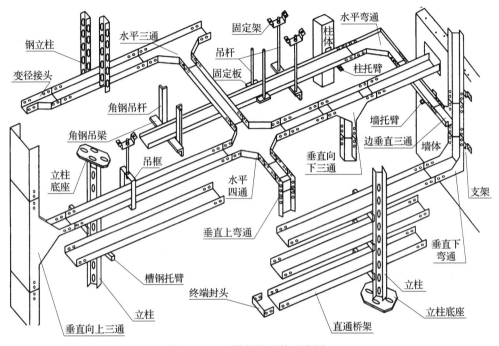

图 2-19　电缆桥架安装示意图

2. 电缆桥架安装操作方法及工艺要求

（1）测量定位

根据图样确定桥架线路的始端和终端，找好水平线或垂直线，用激光标线仪沿墙壁、顶棚等处画出线路的中心线，确定支架固定位置。竖井内桥架定位应采用悬钢丝法确定安装基准线，如果预留孔洞位置不合适，应及时调整。

（2）支、吊架与支架的制作、安装

吊架与支架的制作、安装如图 2-20 所示。

1）吊架与支架所用钢材应平直，无显著扭曲。下料后长短偏差应在 5 mm 范围内，切口处应无卷边、毛刺。

2）钢吊架与支架应焊接牢固，无显著变形，焊缝均匀平整，长度应符合要求，不得出现裂纹、咬边、气孔、凹陷、漏焊等缺陷。

3）吊架与支架应安装牢固，保证横平竖直，在有坡度的建筑物上安装时，支架与吊架应与建筑物有相同坡度。沿电缆桥架水平走向的支架与吊架左右偏差不大于 10 mm，高低偏差不大于 5 mm。

a）

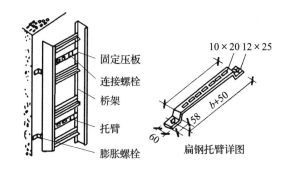

b）

图 2-20　吊架与支架的制作、安装

a）顶棚下双杆吊架　b）垂直安装的扁钢支架

4）吊架与支架的加工制作应采用机械切割，并利用台钻钻孔，孔径为螺栓直径加 2 mm；支架端部应打磨光滑，倒圆弧角，倒角半径为型钢端面边长的 1/3 ~ 1/2；支架拐角处应采用 45° 拼接焊接，焊缝应饱满、打磨平滑，严禁采用电气焊切割型钢。

5）成品吊架与支架应采用定型产品，并应有各自独立的吊装卡具或支撑系统。

6）电缆桥架水平安装时，宜按荷载曲线选择最佳跨距进行支撑，跨距一般为1.5 ~ 3 m；垂直敷设时其固定点间距不宜大于 2 m；在进出接线盒（箱、柜）和变形缝两端 500 mm 内应设固定支持点。弯通弯曲半径不大于 300 mm 时，应在距弯曲段与直线段接合处 300 ~ 500 mm 的直线段侧设置一个支架或吊架；弯通弯曲半径大于 300 mm时，还应在弯通中部增设一个支架或吊架。

7）吊架与支架的固定应采用膨胀螺栓或预埋件焊接。

（3）电缆桥架安装

电缆桥架安装如图 2-21 所示。

1）室内采用电缆桥架布线时，其电缆不应采用易延燃材料外护层。工程防火要求较高的场所不宜采用铝合金电缆桥架。

2）在电缆沟和电缆隧道内安装电缆桥架时，应使用托臂将电缆桥架固定在异型钢立柱上，如图 2-22 所示。电缆隧道内异型钢立柱可以用固定板安装，也可以用膨胀螺栓固定。

2）电缆桥架应安装牢固、横平竖直，水平敷设时距地的高度一般不宜低于 2.5 m，垂直敷设时距地 1.8 m 以下部分应加金属盖板保护，但敷设在电气专用房间（如配电室、电气竖井、技术层等）内时除外。

3）梯架、托盘和槽盒与每处支（吊）架均应进行固定，宽度不大于 200 mm 应设置一处固定点，宽度大于 200 mm 应设置两处固定点。经过伸缩沉降缝时电缆桥架应断开，断开距离为 100 mm 左右，两端必须做好跨接接地线，并留有伸缩余量。

4）几组电缆桥架在同一高度平行安装时，各相邻电缆桥架之间应考虑维护、检修距离，电缆桥架上部距离顶棚或其他障碍物应不小于 300 mm。

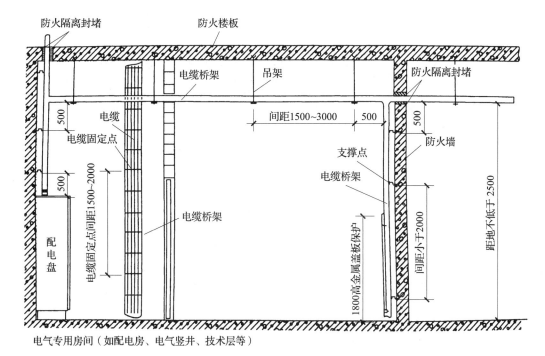

图 2-21 电缆桥架安装

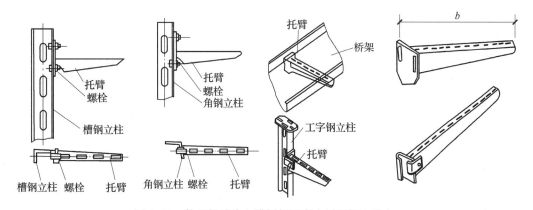

图 2-22 使用托臂将电缆桥架固定在异型钢立柱上

5）由金属电缆桥架引出的配管应使用钢管，当桥架需开孔时，应用开孔器开孔，开孔处应切口整齐，管孔径吻合，严禁用气焊、电焊割孔。如图 2-23 所示，钢管与电缆桥架连接时，应使用管接头固定。

6）在腐蚀性环境中安装的梯架、托盘和槽盒，应采取措施防止损伤电缆桥架表面保护层，在切割、钻孔后应使用相应的防腐涂料或油漆对其裸露的金属表面进行修补。

（4）接地并进行防火封堵

1）电缆桥架本体之间的连接应牢固可靠，其本体及支架必须可靠接地。全长不大于 30 m 时，不应少于 2 处与保护导体可靠连接；全长大于 30 m 时，每隔 20～30 m 应

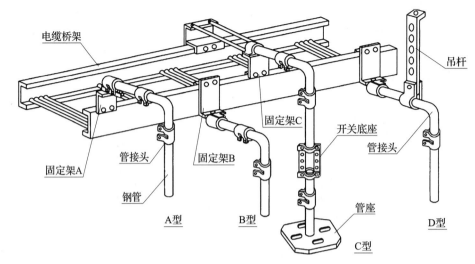

图 2-23　钢管与电缆桥架连接

增加一个连接点，起始端和终点端均应可靠接地。非镀锌电缆桥架连接板的两端应用专用接地螺栓跨接接地线，接地线应采用不小于 4 mm² 的铜芯软导线，或按设计要求。自电缆桥架引入、引出的金属导管必须可靠接地。镀锌电缆桥架本体之间不跨接保护联结导体时，连接板每端不应少于 2 个有防松螺帽或防松垫圈的连接固定螺栓。桥架端部之间连接电阻值不应过大，接地孔应清除绝缘涂层。伸缩缝或软连接处应采用编织铜线连接，编织铜线应进行涮锡处理。

2）电缆桥架在穿过防火墙及防火楼板时，应采取防火封堵措施。防火隔离段施工过程中，应配合土建施工预留洞口，垂直穿越楼板处应在其洞口四周设置高度为 50 mm 及以上的防水台，用防火堵料填满与建筑物间的缝隙，内部应用阻火包填充密实。防火堵料的厚度不应低于结构厚度。

3. 电缆桥架验收要求

（1）主控项目

1）金属电缆桥架本体之间连接应牢固可靠，与保护导体的连接应符合下列规定：

①全长不大于 30 m 时，不应少于 2 处与保护导体可靠连接；全长大于 30 m 时，每隔 20～30 m 应增加一个连接点，起始端和终点端均应可靠接地。

②非镀锌电缆桥架本体之间连接处的两端应跨接保护联结导体，保护联结导体的截面积应符合设计要求；镀锌电缆桥架本体之间不跨接保护联结导体时，连接板每端不应少于 2 个有防松螺帽或防松垫圈的连接固定螺栓。

2）电缆桥架转弯、分支处宜采用专用连接配件，其弯曲半径不应小于梯架、托盘和槽盒内电缆的最小允许弯曲半径，见表 2-5。

（2）一般项目

1）当直线段钢制电缆桥架长度超过 30 m，铝合金或玻璃钢制电缆桥架长度超过 15 m 时，应设置伸缩节。当梯架、托盘和槽盒跨越建筑物变形缝处时，应设置补偿装置。

表 2-5　　　　　　　　　　　　　　电缆的最小允许弯曲半径

电缆形式		电缆外径（mm）	多芯电缆	单芯电缆
塑料绝缘电缆	无铠装电缆		15D	20D
	有铠装电缆		12D	15D
橡皮绝缘电缆			10D	
控制电缆	非铠装型、屏蔽型软电缆	—	6D	
	铠装型、铜屏蔽型电缆		12D	—
	其他电缆		10D	
铝合金导体电力电缆			7D	
氧化镁绝缘刚性矿物绝缘电缆		<7	2D	
		≥7 且 <12	3D	
		≥12 且 <15	4D	
		≥15	6D	
其他矿物绝缘电缆		—	15D	

2）电缆桥架与支架间及与连接板的固定螺栓应紧固无遗漏，螺母应位于梯架、托盘和槽盒外侧。当铝合金电缆桥架与钢支架固定时，应相互绝缘。

3）电缆桥架宜敷设在易燃易爆气体管道和热力管道的下方，与各种管道平行或交叉时，其最小净距应符合表 2-6 的要求。

表 2-6　　　　　　　电缆桥架与各种管道平行或交叉时的最小净距　　　　　　　　　　mm

管道类别	平行净距	交叉净距
一般工艺管道	400	300
腐蚀及易燃易爆气体管道	500	500
有保温层热力管道	500	300
无保温层热力管道	1 000	500

4）电缆桥架不宜敷设在腐蚀性气体管道和热力管道的上方及腐蚀性液体管道的下方，否则应采取防腐、隔热措施。电缆桥架不得敷设在易燃、易爆气体管道上方。

5）电缆桥架穿过楼板处和穿越不同防火区时，应采取防火封堵措施。

6）敷设在电气竖井内的电缆桥架，其固定支架不应安装在固定电缆的横担上，且每隔 3~5 层应设置承重支架。

7）电缆桥架进入室内或配电箱（柜）时应有防雨水措施，槽盒底部应有泄水孔。

8）承力建筑钢结构构件上不得熔焊支架，且不得热加工开孔。

9）水平安装的支架间距宜为 1.5 ~ 3.0 m，垂直安装的支架间距不应大于 2 m。采用金属吊架固定时，圆钢直径不得小于 8 mm 并应有防晃支架，分支处或端部 0.3 ~ 0.5 m 处应有固定支架。

10）支架、吊架设置应符合设计或产品技术文件要求，安装应牢固、无明显扭曲；与预埋件焊接固定时，焊缝应饱满；采用膨胀螺栓固定时，应选用适配的螺栓，防松零件应齐全且连接紧固。支架应进行防腐处理，位于室外及潮湿场所的支架应按设计要求进行处理。

二、塑料线槽安装

塑料线槽适用于干燥室内的工程改造更换线路以及弱电线路吊顶内敷设，敷设一般在墙体刷灰粉后进行。塑料线槽种类很多，不同场合应合理选用，一般室内照明等线路选用矩形截面线槽，地面敷设应选用弧形截面线槽，电气控制柜内一般选用带格栅的线槽，如图 2-24 所示。

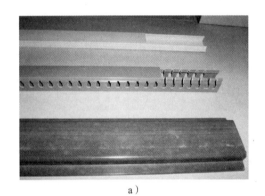
a）

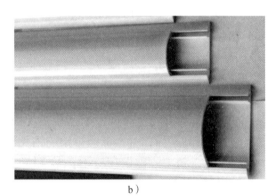
b）

图 2-24　塑料线槽

a）矩形截面线槽（中间一根带格栅）　b）弧形截面线槽

1. 塑料线槽安装的操作及工艺要求

塑料线槽安装的操作及工艺要求见表 2-7。

表 2-7　　　　　塑料线槽安装的操作及工艺要求

操作流程	图示	方法及工艺要求
测量定位		首先根据施工图中盒（箱）等的位置，确定线路走向及固定点，固定点应均匀分布

续表

操作流程	图示	方法及工艺要求
线槽敷设	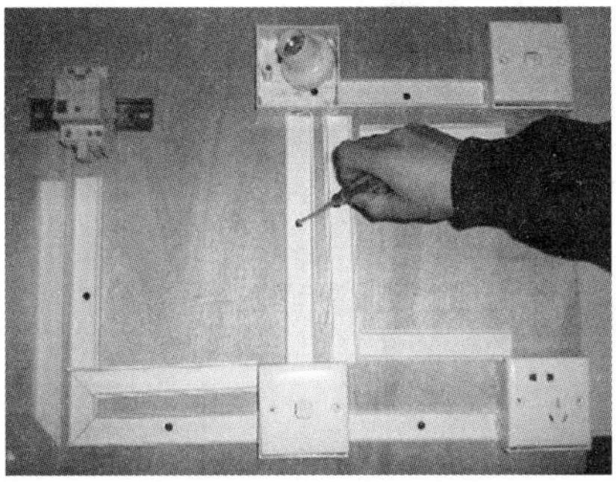	选用线槽时应根据设计要求选择型号、规格相应的产品。敷设场所的环境温度不得低于 -15 ℃。墙体为混凝土砖墙时，可采用塑料线槽。固定线槽时应先两端后中间。塑料线槽连接时，线槽及附件连接处应平齐，没有缝隙。槽底或槽盖直线段对接时，槽底对接缝与槽盖对接缝应错开不小于 20 mm。线槽分支接头以及线槽附近应采用相同材质的定型产品
塑料胀管固定线槽	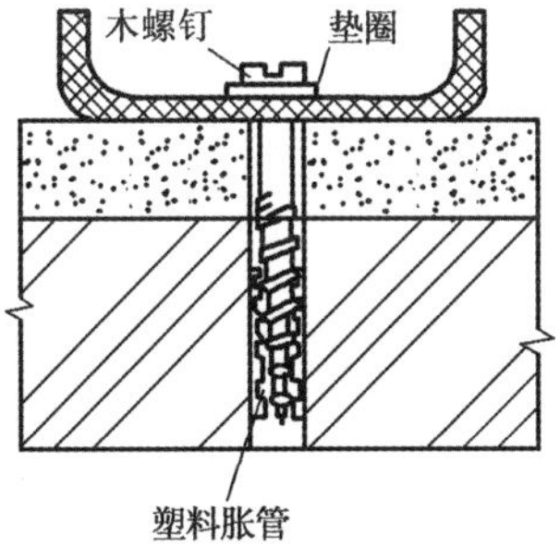	根据胀管选择相应规格的钻头。在已确定好的固定点上垂直钻孔，孔钻好后，把塑料胀管垂直插入孔中，使其外端与建筑表面平齐。用平头木螺钉将线槽底板紧贴建筑物表面固定牢固，线槽底板应平直
槽内布线	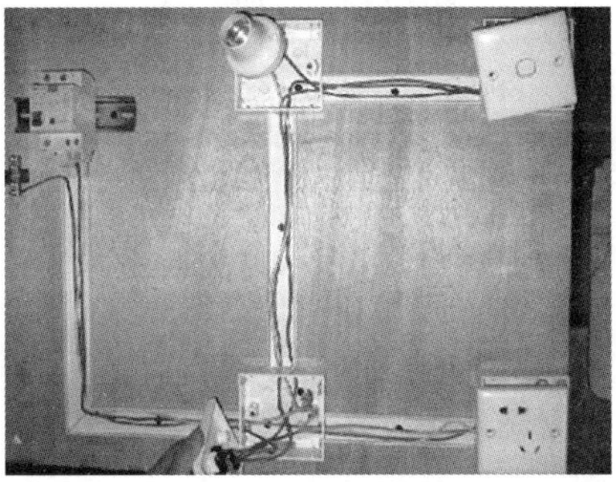	布线前，应先将线槽内的杂物清除干净。布线时，宜按从始端到终端的顺序进行，干线放下面，支线放上面，导线应理顺，确保不拧绞，线槽内严禁有接头。线槽内敷设导线的线芯最小允许截面积：铜导线为 1.0 mm^2，铝导线为 2.5 mm^2

续表

操作流程	图示	方法及工艺要求
覆盖盖板		布线完毕，逐段将线槽盖板盖牢

2. 特别提示

（1）线槽及线槽附件安装要求

1）接线盒、各种附件、转角、三通等固定点不应少于两点。

2）接线盒、灯头盒应采用相应的插口连接件。

3）线路分支接头处应采用相应接线箱。

4）线槽的终端应采用终端头封堵。

5）过变形缝时应做补偿装置。

（2）线槽固定点最大间距

线槽固定点最大间距见表 2-8。

表 2-8　　　　　　　　　　　线槽固定点最大间距　　　　　　　　　　　mm

固定点形式	线槽宽度			
	25	40	60	80
	固定点最大间距			
中心单排	500	800	—	—
双排	—	—	1 000	800

技能训练

1. 如图 2-25 所示，进行一组塑料线槽配线操作训练。

2. 用 50 mm×50 mm×5 mm 的角钢加工一个如图 2-26a 所示的门形支架，组装一组如图 2-26b 所示的电缆桥架。

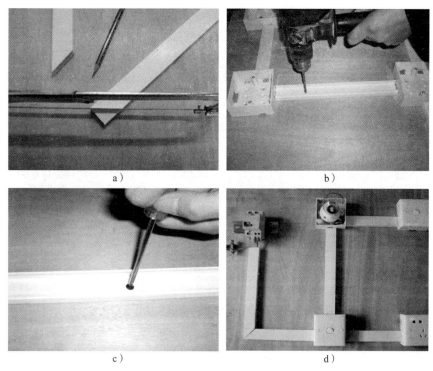

图 2-25　塑料线槽配线操作训练

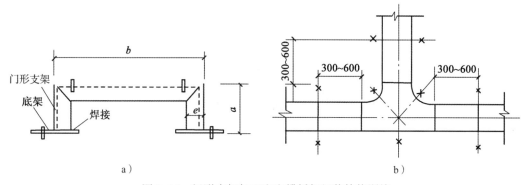

图 2-26　门形支架加工和电缆桥架组装技能训练

a）门形支架　b）电缆桥架

第三节　电气配线

本节主要介绍常见绝缘导线管内穿线及线槽配线的工艺方法，要求学会识别各种绝缘导线并掌握管内穿线工艺要求。

建筑电气工程中常见绝缘导线型号有 BV、BYJ、ZR-BV、NH-BV、WDZ-BYJ、

RVS、RVV、RVVP 等，其常见施工工艺方法有管内穿线和线槽配线两种。

一、管内穿线

将绝缘导线采用导管保护的施工工艺称为管内穿线，也称导管配线、线管配线。

1. 管内穿线施工工艺流程

管内穿线是在保护导线的导管按设计要求敷设到建筑内的各种位置后再进行的一项工作，其施工工艺流程如图 2-27 所示。

图 2-27 管内穿线施工工艺流程

2. 施工操作要点

（1）穿带线扫管

1）带线一般采用直径 1.2 ～ 2.0 mm 的钢丝。先将钢丝的一端弯成不封口的圆圈，再利用穿线器将带线穿入管路内，管路的两端应留有 100 ～ 150 mm 的余量。

2）管路较长或转弯较多时，可以在敷设管路的同时将带线一并穿好。

3）穿带线受阻时，可用两根钢丝同时搅动，使两根钢丝的端头互相钩绞在一起，然后将带线拉出，如图 2-28 所示。

4）清扫管路，如图 2-29 所示，将布条的两端牢固地绑扎在带线上，两人来回拉动带线，将管内杂物清扫干净。

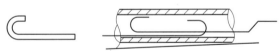

图 2-28 带线施工

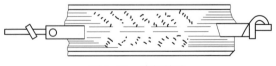

图 2-29 清扫管路

（2）导线与带线绑扎

1）当导线根数较少时（如2～3根），可将导线前端的绝缘层削去，然后将线芯直接插入带线的盘圈内并折回压实，绑扎牢固，使绑扎处形成一个平滑的锥形过渡部位，便于穿线，如图2-30a所示。

2）当导线根数较多或导线截面积较大时，可将导线前端的绝缘层削去，然后将线芯斜错排列在带线上，用绑线缠绕绑扎牢固，使绑扎接头处形成一个平滑的锥形过渡部位，便于穿线，如图2-30b所示。

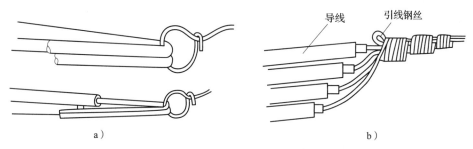

图2-30 导线与带线绑扎

a）导线根数较少时 b）导线根数较多时

（3）放线及穿线

若导线保护管为金属管，穿线前管口应套上塑料护口。放线前应根据施工图核对导线的规格、型号。放线时导线应置于放线架或放线车上，如图2-31所示，顺着导线缠绕方向放线。在放线过程中，应注意将导线拉直，防止打结扭绞，同时检查导线是否存在绝缘层破损等缺陷。钢管（电线管）在穿线前，应首先检查各个管口的护口是否齐整，如有遗漏或破损，均应补齐或更换。当管路较长或转弯较多时，要在穿线的同时往管内吹入适量的滑石粉。两人穿线时，应配合协调。

穿线时应注意下列问题：

1）同一交流回路的导线必须穿于同一管内。

2）不同回路、不同电压和交流与直流的导线，不得穿入同一管内。

（4）断线

图2-31 放线架放线

剪断导线时，导线的预留长度应符合以下要求：

1）接线盒、开关盒、插座盒及灯头盒内导线的预留长度应为150mm。

2）配电箱内导线的预留长度应为配电箱体周长的1/2。

3）出户导线的预留长度应为1.5m。

4）公用导线在分支处，可不剪断导线而直接穿过。

（5）导线连接及绝缘恢复

导线连接及绝缘恢复的具体要求见第一章第四节。

（6）线路检查及绝缘测试

1）线路检查。导线连接及绝缘恢复全部完成后，应检查导线连接及绝缘恢复是否符合设计及验收规范的规定，如果不符合规定应立即纠正，检查无误后再进行绝缘测试。

2）绝缘测试。照明线路的绝缘摇测一般选用 500 V、量程为 0 ~ 500 MΩ 的兆欧表。一般照明绝缘线路绝缘测试有以下两种情况：

电气器具未安装前进行线路绝缘测试时，首先将灯头盒内导线分开，开关盒内导线连通。测试应将干线和支线分开，读数宜采用 1 min 后的读数。一人摇测、一人应及时读数并记录。摇动速度应保持在 120 r/min。

电气器具在送电前进行摇测时，应先将线路上的开关、仪表、设备等用电开关全部置于断开位置，摇测方法同上所述，确认绝缘摇测无误后再进行送电试运行操作。

二、线槽配线

将电线敷设在塑料线槽、金属线槽或电缆桥架内的施工方法称为线槽配线。

1. 线槽配线施工工艺流程

线槽配线必须在塑料线槽、金属线槽或电缆桥架按图纸设计要求组装成统一整体并固定到指定位置后，方可进行电线敷设。其施工工艺流程如图 2-32 所示。

图 2-32　线槽配线施工工艺流程

2. 施工操作要点

（1）清理线槽并检查

配线前，应先将线槽内的杂物清除干净，使线槽内外保持清洁，然后检查导线的规格、型号、分色是否正确，是否符合设计要求，保护地线是否压接牢固，管与线槽连接处的护口是否齐全，管进入盒、槽时内外螺母是否锁紧。

（2）放线及配线

线槽配线的放线要求与管内穿线一样。配线宜按从始端到终端、先干线后支线的顺序进行（干线放下面，支线放上面），并在导线两端做好标记。配线时应边配边整理，不应出现挤压背扣、扭结、损伤绝缘等现象，并应将电线按回路（或系统）编号分段绑扎，绑扎点间距不应大于 2 m。绑扎时应采用尼龙绑扎带或线绳，不允许使用金属导线或绑线。导线绑扎好后，应分层排放在线槽内并做好永久性编号标志。

（3）断线

断线的具体要求同管内穿线。

（4）导线连接及绝缘恢复

导线连接及绝缘恢复的基本要求见第一章第四节。

（5）线路检查及绝缘测试

线路检查及绝缘测试的要求同管内穿线。

三、电气配线质量验收规范

1. 电线进场验收

（1）查验合格证

合格证内容填写应齐全、完整，有生产许可证编号，按国家标准《额定电压450/750 V 及以下聚氯乙烯绝缘电缆 第 1 部分：一般要求》（GB/T 5023.1—2008）生产的产品有安全认证标志。

（2）外观检查

包装完好，抽检的电线绝缘层完整无损、厚度均匀。耐热、阻燃的电线外护层有明显标识和制造厂标。

（3）检测绝缘性能

绝缘性能应符合产品技术标准或产品技术文件规定。

（4）检查标称截面积和电阻值

现场抽样检测绝缘层厚度和圆形线芯的直径。标称截面积应符合设计要求，其导体电阻值应符合现行国家标准《电缆的导体》（GB/T 3956—2008）的有关规定。当对绝缘导线的导电性能、绝缘性能、绝缘厚度、机械性能和阻燃耐火性能有异议时，应按批抽样送有资质的试验室检测。检测项目和内容应符合国家现行有关产品标准的规定。

2. 管内穿线

（1）主控项目

1）同一交流回路的绝缘导线（电线）不应穿于不同的金属导管内。

2）除设计要求以外，不同回路、不同电压等级和交流与直流线路的绝缘导线不应穿于同一导管内。但下列几种情况除外：

①电压为 50 V 及以下的回路。

②同一台设备的电源线路和无干扰要求的控制回路。

③同一花灯的所有回路。

④同类照明的多个分支回路，但管内的导线总数不应超过 8 根。

3）绝缘导线接头应设置在专用接线盒（箱）或器具内，不得设置在导管和槽盘内，盒（箱）的设置位置应便于检修。

（2）一般项目

1）除塑料护套线外，绝缘导线应采取导管或槽盒保护，不可外露明敷。

2）绝缘导线穿管前，应清除管内杂物和积水，绝缘导线穿入导管的管口在穿线前应装设护线口。

3）当采用多相供电时，同一建（构）筑物的绝缘导线绝缘层颜色应一致，即保护地线（PE 线）为黄绿相间色，零线为淡蓝色，相线 L1 为黄色，相线 L2 为绿色，相线 L3 为红色。

3. 线槽配线

（1）主控项目

1）同一交流回路的绝缘导线（电线）不应敷设于不同的金属槽盒内。

2）绝缘导线接头应设置在专用接线盒（箱）或器具内，不得设置在导管和槽盘内，盒（箱）的设置位置应便于检修。

（2）一般项目

1）除塑料护套线外，绝缘导线应采取导管或槽盒保护，不可外露明敷。

2）当采用多相供电时，同一建（构）筑物的绝缘导线绝缘层颜色应一致，即保护地线（PE 线）为黄绿相间色，零线为淡蓝色，相线 L1 为黄色，相线 L2 为绿色，相线 L3 为红色。

3）与槽盒连接的接线盒（箱）应选用明装接线盒（箱），配线工程完成后，盒（箱）盖板应齐全、完好。

4）槽盒内敷线应符合下列规定：

①同一槽盒内不同时设绝缘导线和电缆。

②同一路径无防干扰要求的线路，可敷设于同一槽盒内；槽盒内的绝缘导线总截面积（包括外护套）不应超过槽盒内截面积的 40%，且载流导体不宜超过 30 根。

③当控制和信号等非电力线路敷设于同一槽盒内时，绝缘导线的总截面积不应超过槽盒内截面积的 50%。

④分支接头处绝缘导线总截面积（包括外护层）不应大于该点盒（箱）内截面积的 75%。

⑤绝缘导线在槽盒内应留有一定余量，并应按回路分段绑扎，绑扎点间距不应大于 1.5 m；当垂直或大于 45° 倾斜敷设时，应将绝缘导线分段固定在槽盒内的专用部件上，每段至少应有一个固定点；当直线段长度大于 3.2 m 时，其固定点间距不应大于 1.6 m；槽盒内导线排列应整齐、有序。

⑥敷线完成后，槽盒盖板应复位，盖板应齐全、平整、牢固。

技能训练

1. 完成图 2-9 所示线路的管内穿线。

2. 设计、安装用塑料线槽配线方式的 45 m² 教室照明和插座线路。

要求：

（1）线路 1：6 盏 40 W 双管吊链式日光灯，分别用安装高度为 1.3 m 的照明开关控制，无漏电保护。

（2）线路 2：4 个明装 220 V、10 A、5 孔插座，安装高度为 0.3 m，有漏电保护。

（3）进户电源为交流 220 V，有短路保护。

第四节 电缆线路安装

电缆常用于室外线路、室内供电干线及动力线路中。电缆进场应组织验收并形成验收记录，参加人员应为建设、监理、施工和厂商等单位代表。电缆转弯处的最小弯曲半径应符合相关规定。敷设前，电缆绝缘测试应合格。通电前，电缆交接试验应合格，线路走向、相位和防火隔堵措施等应符合设计要求。除设计要求外，并联使用的电力电缆的型号、规格、长度应相同。电缆出入电缆沟、电气竖井、建筑物以及进入配电（控制）柜（台、箱）和配管处应采取防火或密封措施。敷设时，电缆终端头与电缆接头应留有备用长度。矿物绝缘电缆敷设在温度变化大的场所、振动场所或穿越建筑变形缝时应采取"S"弯或"Ω"弯。电缆敷设前应进行图纸会审，复核设计是否符合现行国家标准和规范的要求；对电缆进行合理排列，并绘制断面图，以减少电缆交叉；按施工图测量放线、坐标和标高、走向，经复核符合设计要求。

一、室外电缆施工

电缆线路施工前需要熟悉施工图并进行图纸会审，确认电缆起始点的电气设备、电缆走向、电缆构筑物（电缆隧道、电缆沟、电缆排管等）及电缆敷设的根数，根据电缆排列图确认每根电缆的排列位置以及编号、规格、类型、用途等。

1. 电缆直接埋地敷设

电缆直接埋地敷设即把电缆直接埋入地下土壤的敷设方式。当电缆根数较少（一般少于8根）、土壤中不含腐蚀电缆的物质、日后增添线路可能性小时，可采用电缆直接埋地敷设。电缆直接埋地敷设按下列流程及要求进行。

（1）挖电缆沟样洞

按施工图在电缆敷设线路上开挖样洞，了解土壤和地下管线布置情况，如有问题，应及时提出解决办法。样洞一般长为 0.4~0.5 m，断面宽与深均为 1 m。

（2）放样画线

根据施工图和开挖样洞的资料确定电缆线路的实际走向，用石灰粉撒出电缆沟的开挖宽度和路径。

（3）开挖电缆沟

10 kV 及以下电缆直埋沟的形状如图 2-33 所示（L 为电缆沟底宽，L_1 为护坡增加宽度，d_1~d_6 为电缆外径，h 为沟深）。电缆沟的深度及宽度应符合下列要求：电缆表面距地面的距离不小于 0.7 m，穿越农田时不小于 1 m；电缆沟的宽度应根据土质、沟深、电缆根数及电缆间距确定。

（4）铺设下垫层

在挖好的沟底铺上 100 mm 厚的软土或细砂，作为电缆的垫层。

（5）埋设电缆保护管

电缆穿越铁路、公路、建筑物、道路、上下电杆或与其他设施交叉时，应事先埋

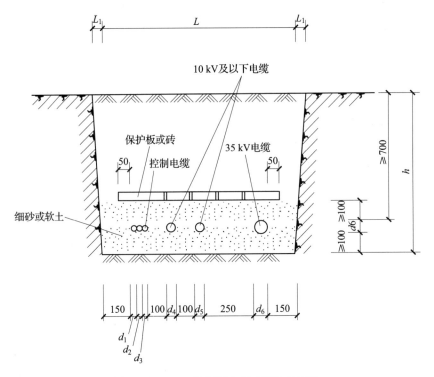

图 2-33 10 kV 及以下电缆直埋沟的形状

设保护钢管或水泥管,对电缆进行保护。

(6)布放电缆

把电缆线盘架设在放线架上,可采用人工加滚轮敷设,有条件时可采用机械敷设。电缆应松弛地敷在沟底(蛇形敷设),以便伸缩。当电缆有接头或进入建筑物时,要预留长度,一般终端头预留 1.5 m,中间接头两端各预留 2 m,进入建筑物预留 2 m。

(7)铺砂盖板(砖)

电缆敷设完毕后,铺盖一层 100 mm 厚细砂或软土,然后用电缆盖板(砖)将电缆盖好,覆盖宽度应超过电缆两侧各 50 mm。

(8)回填土

将电缆沟回填土分层夯实,覆土应高于地面 150~200 mm。

(9)设置电缆标识牌

电缆敷设完毕后,应在电缆的引入端、终端、中间接头、转弯处设置电缆标识牌,注明线路编号、电压等级、电缆型号和规格、线路起始点、线路长度和敷设时间等内容,便于后期检查。

电缆直埋引入建筑物时,为保护电缆,应为电缆套保护管,除注明外,电缆保护管埋设深度不小于 0.7 m,伸出墙外 1 m,且伸出散水坡外不小于 100 mm。由于建筑物内外湿度相差较大,所以进入建筑物的电缆还应采取防潮措施,必要时用沥青或防水水泥密封。一般可按图 2-34 的做法处理,管口密封。

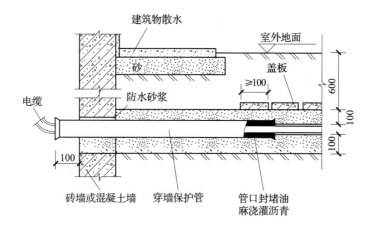

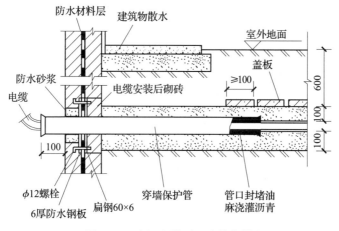

图 2-34 直埋电缆引入建筑物做法

2. 电缆在电缆沟内敷设

电缆根数较多的场合，宜采用专用电缆构筑物内敷设，电缆构筑物包括电缆沟和电缆隧道。电缆沟由土建专业施工，由砖砌筑或混凝土浇筑而成，顶部用钢筋混凝土盖板封住。

（1）室外电缆沟内敷设电缆工艺

1）施工准备。施工前，认真熟悉施工图纸，了解每根电缆的型号、规格、走向和实际用途，按照实际情况计算电缆长度并合理安排。

2）电缆支架制作。电缆支架是电缆沟和电缆隧道中支撑电缆用的支撑物，有钢制支架、玻璃钢支架、复合纤维支架等，如图 2-35 所示。电缆支架表面应光滑、平整、无棱刺、扭曲变形、磨损、划痕，规格应符合设计要求。成品电缆支架应具有出厂合格证。制作电缆支架的槽钢、角钢或扁钢等型材应具有出厂合格证和材质证明。电缆支架及紧固件均应做镀锌处理或防腐处理。电缆支架可由生产厂家制作或现场加工，考虑到施工现场加工设备的数量、制作精度和生产效率，电缆支架批量生产时宜采用生产厂家制作的方式。

图 2-35　电缆支架

　　现场自制的电缆支架的形式较多，过去常使用焊接角钢支架，而目前多采用组装式电缆支架，如角钢挑架、扁钢挂架和圆钢挂架等。

　　角钢挑架的尺寸及安装做法可参照表 2-9 和图 2-36。

表 2-9　　　　　　　　　　　　　　　　　　角钢挑架的尺寸

	电缆层数	支架臂长 L（mm）		电缆根数	支架臂长 L（mm）
角钢底座	3	700	角钢挑架	1	160
	6	1 450		2	200
	9	2 200		3	310

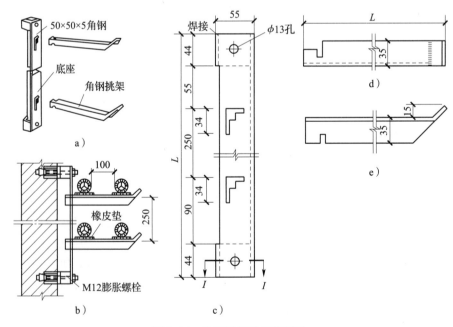

图 2-36　角钢挑架的安装做法
a）角钢挑架组合　b）安装做法　c）挑架底座　d）挑架正面　e）挑架侧面

电缆支架的加工钢材应平直，无明显扭曲。下料误差应在 5 mm 范围内，切口应无卷边、毛刺；支架应焊接牢固，无显著变形，各托臂间的垂直净距与设计偏差不应大于 5 mm；金属电缆支架必须进行防腐处理。电缆支架位于湿热、盐雾以及有化学腐蚀地区时，应根据设计做特殊的防腐处理。

电缆支架的层间允许最小距离不应小于两倍电缆外径加 10 mm。对于 35 kV 及以上高压电缆，电缆支架的层间允许最小距离不应小于 2 倍电缆外径加 50 mm。

3）电缆支架安装

①测量定位。根据设计图样，测量出电缆支架边缘距轴线、中心线、墙边的距离尺寸，在同一直线段的两端分别取一点。用墨斗在电缆夹层顶板上弹出一条直线，作为支架距轴中心或墙边的边缘线。以顶板的墨线为基准线，用线坠定出立柱在地板的相应位置，用墨斗在地面弹一直线。按照设计图样的要求在直线上标出底板的位置。

②底板安装。按标注的位置，将底板紧贴住夹层地面或夹层顶板，根据底板上的孔位，用记号笔在地面和夹层顶板做出标记（结构有预埋铁时，将上下底板直接焊接到预埋铁上）。取下底板，在记号位置用电锤将孔打好。将膨胀螺栓敲入眼孔，装好底板并紧固膨胀螺栓，将底板固定牢固。

③立柱焊接、防腐。测量夹层上、下底板之间的准确距离，根据此距离切割出相应长度的立柱槽钢。槽钢长度比上、下底板之间的距离小 2 ~ 3 mm。如果采用可拆卸托臂，切割槽钢时必须保证槽钢各托臂安装位置在同一高度。

将直线段两端的槽钢立柱放在电缆支架的上、下底板之间，确认立柱位置无误后，采用电焊将立柱与下部底板点焊固定。用水平尺检验槽钢立柱的垂直度，确认无误后，将槽钢立柱与上、下底板焊接牢固。用两根线绳在两根立柱之间绷紧两条直线，顶部与下部各一条。以此直线为依据安装其他立柱，使所有立柱成为直线。除去焊接部位的焊渣，用防锈漆和银粉进行防腐处理。

电缆支架最上层至沟顶、楼板或最下层至沟底、地面的距离见表 2–10。

表 2–10　　　　电缆支架最上层至沟顶、楼板或最下层至沟底、地面的距离　　　　　　　mm

敷设方式	电缆隧道及夹层	电缆沟	吊架	桥架
最上层至沟顶、楼板	300 ~ 500	150 ~ 200	150 ~ 200	350 ~ 450
最下层至沟底、地面	100 ~ 150	50 ~ 100	—	100 ~ 150

4）电缆支架接地线敷设。电缆支架安装固定后，应沿着地沟进行接地。采用圆钢作接地线时，直径应小于 10 mm；采用扁钢作接地线时，截面积不小于 48 mm²，且厚度不小于 4 mm。接地线应与接地网可靠连接，接地连线应采用焊接。

5）敷设电缆。

6）固定电缆。在电缆首末两端及转弯、电缆接头的两端处，直线段每隔 5 ~ 10 m

对支架上的电缆进行固定。

7）盖电缆沟盖板。电缆固定整齐后，应请建设单位和监理单位进行隐蔽工程验收，合格后，盖电缆沟盖板。

（2）电缆沟内敷设电缆质量验收标准

1）电缆沟底应平整，且有 1% 的坡度。沟内要保持干燥，根据要求设置适当数量的集水坑和排水措施，以便沟内积水排出。电缆沟尺寸由设计确定，沟外壁应采用防水密封措施，沟内壁、沟底应采用防水砂浆抹面。

2）支架上电缆的排列水平允许间距：高低压电缆为 150 mm，低压电缆不应小于 35 mm，且不应小于电缆外径，控制电缆间净距不做规定。高压电缆和控制电缆之间净距不应小于 100 mm。

电缆支架层间垂直允许净距：10 kV 及以下电力电缆为 150～200 mm，控制电缆为 120 mm。

3）电缆在支架上敷设时，电力电缆在上，控制电缆在下。1 kV 以下的电力电缆和控制电缆可并列敷设，当双侧有支架时，1 kV 以下的电力电缆和控制电缆应尽可能与 1 kV 以上的电力电缆分别敷设于不同侧的支架上。

4）电缆支持点（如支架或其他支持点）的间距应按设计规定施工，当设计无规定时，应参照表 2-11 选择。

表 2-11 电缆支持点的最大间距 m

敷设方式	在支架上敷设		
	塑料护套、铅包、铝包、钢带铠装		钢丝铠装
	电力电缆	控制电缆	
水平敷设	1.0	0.8	3.0
垂直敷设	1.5	1.0	6.0

5）电缆支架要求安装牢固，经过防腐处理（如镀锌或刷防锈漆），并应在电缆下面衬垫绝缘材料，以保护电缆。

6）当电缆需在沟内穿越墙壁或楼板时应穿钢管保护，防止机械损伤。电缆敷设好后，用黄麻和沥青密封管口。

3. 电缆在排管内敷设

电缆排管有按照一定孔数和排列方式预制好的水泥管块，也有改性聚丙烯管、玻璃钢复合管、树脂管、玻璃钢管纤维水泥管、维纶水泥管等。

（1）电缆在排管内敷设工艺

1）设置电缆人孔井。电缆在排管内敷设时，为便于抽拉或连接，在电缆分支、转弯等处，均应设置便于人工操作的电缆人孔井。

2）挖沟和下排管。如图 2-37a 所示，挖沟方法与直埋电缆相同，沟宽根据排管宽度而定。挖好沟后在沟底以素土夯实，再铺以水泥砂浆垫层。摆好管枕，将管道置于管枕中间位置，在管道的一端套上密封胶圈，另一根管道的相邻一侧也套上密封胶圈；在密封胶圈外面涂润滑剂，以减少摩擦，便于连接；套上直通，用来连接两段管道；在管道的上方也装上管枕，与下方的管枕对齐，并用铁锤敲打压实，另一端也一样；如果需要安装两排及以上的排管，必须插入管销固定上下两排管道；将安装好的另一段管道放置在管枕上，上部管枕对齐，并用铁锤敲打压实。

电缆排管与电缆井的连接如图2-37b所示。

3）敷设电缆。将电缆放在电缆人孔井底较高的一侧的外面。将电缆与表面无毛刺的钢丝绳绑扎连接，将钢丝绳穿过排管接于另一人孔井的牵引设备上，将电缆穿于排管内。牵引时要缓慢进行，必要时可在管内壁或电缆外层涂无腐蚀性润滑油。

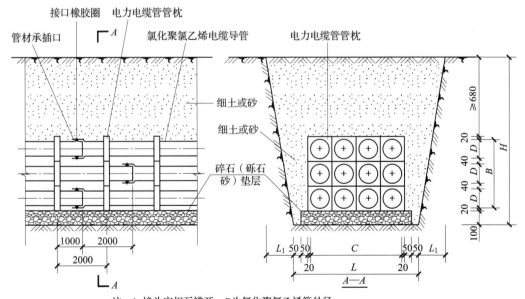

注：1. 接头应相互错开，D为氯化聚氯乙烯管外径。
　　2. L、L₁、H由工程设计确定，B、C分别为排管组合的高度和宽度。

a）

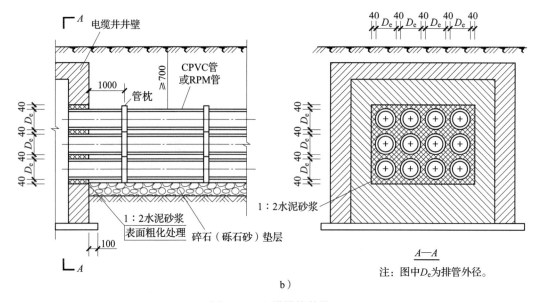

b)

图 2-37　电缆排管敷设

a）电缆排管敷设　b）电缆排管与电缆井的连接

（2）室外电缆在排管内敷设质量验收标准。

1）排管应一次留足备用管孔数。交流单芯电缆以单根穿管时，不得采用未分隔磁路的金属管。一般每管孔宜穿一根电缆，管孔内径不应小于所穿电缆的 1.5 倍，且穿电力电缆的管孔内径不应小于 90 mm，穿控制电缆的管孔内径不应小于 75 mm。

2）单孔排管使用时，地下埋管距地面深度不应小于 700 mm，与铁路交叉时距路基不宜小于 1 m，距排水沟底不宜小于 500 mm，并列管相互间宜留有不小于 20 mm 的空隙。

3）多孔排管敷设时，顶部距地面不应小于 0.7 m，在人行道下面时不应小于 0.5 m，沟底部应垫平夯实，并应铺设厚度不小于 60 mm 的混凝土垫层，应有倾向人孔井侧不小于 0.2% 的排水坡度，并在人孔井内设集水坑，以便集中排水。

4）电缆在混凝土管块中敷设穿过铁路、公路及有重型车辆通过时，应选用混凝土包封形式。

5）人孔井一般应设置在转弯、变高程、分支、接头及电缆排管转向直埋处，在直线段一般不超过 50 m 处设置。人孔井钢筋混凝土盖板的钢筋保护厚度为 30 mm。电缆的中间接头应放在人孔井中。

二、室内电缆施工

室内电缆主要敷设在供电干线处，民用建筑多见于高层竖井内。电缆可以沿竖井内桥架或支架敷设，也可穿管敷设。在变电所内，电缆主要是沿电缆沟内支架敷设，其敷设方法和室外电缆沟内敷设电缆工艺相似。下文重点介绍在高层竖井内敷设电缆的工艺。

1. 预分支电缆敷设

（1）预分支电缆构造

预分支电缆也称母子电缆，分支线与主干电缆预制在一起，分支线截面大小和分支线长度等是根据设计要求决定，极大缩短了施工周期，大幅度减少材料费用和施工费用，保证了配电的可靠性。

预分支电缆广泛应用于住宅楼、商厦、宾馆、医院等中高层建筑的电气竖井内，可实现垂直供电，也适用于隧道、机场、桥梁、公路等供电系统。

1）结构。预分支电缆由主干电缆、分支接头、分支电缆和相关附件四部分组成，如图 2–38 所示，每个分支接头部分均以优于电缆外护套的合成材料，通过气密挤压使电缆的外护套材料和注塑的合成材料集合在一起，形成具有气密性和防水性的分支接头。

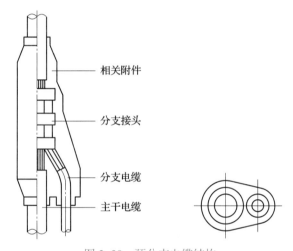

图 2–38　预分支电缆结构

2）类型。预分支电缆有普通型、阻燃型（ZR）、耐火型（NH）三种类型，有单芯电缆（一般为大截面）、三相四线电缆、三相五线电缆三种形式。

3）型号及规格。预分支电缆的型号及含义如图 2–39 所示。

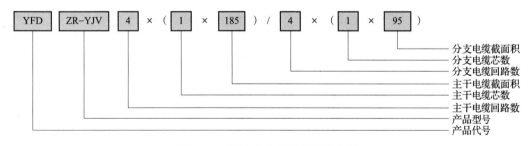

图 2–39　预分支电缆的型号及含义

上述型号预分支电缆表示阻燃交联聚乙烯绝缘聚氯乙烯护套型、主干电缆为 1×185、分支电缆为 1×95 的电缆分接系统。

预分支电缆常用规格见表 2–12。

表 2-12　　　　　　　　　　　　　预分支电缆常用规格　　　　　　　　　　　　mm²

主干电缆截面积	支线电缆截面积								
16	10	16							
25	10	16	25						
35	10	16	25	35					
50	10	16	25	35	50				
70	10	16	25	35	50				
95	10	16	25	35	50				
120	10	16	25	35	50	70			
150	10	16	25	35	50	70	95		
185	10	16	25	35	50	70	95		
240	10	16	25	35	50	70	95	120	
300	10	16	25	35	50	70	95	120	
400	10	16	25	35	50	70	95	120	
500	10	16	25	35	50	70	95	120	150
630	10	16	25	35	50	70	95	120	150

（2）电缆配件

竖井内常用预分支电缆施工时，除电缆本体外，还有很多必需的配件，如图 2-40 所示。

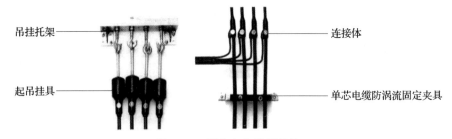

图 2-40　预分支电缆的配件

（3）预分支电缆敷设工艺

预分支电缆在电气竖井中施工时，应按如下流程将电缆及其配件安装到位，具体施工方法如图 2-41 所示。

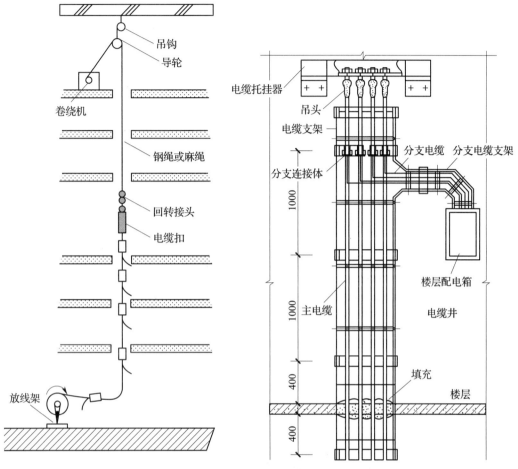

图 2-41　预分支电缆及配件施工方法

1）将吊钩安装在吊挂横梁上，将吊挂横梁安装在预定位置。固定电缆支架时，应按主电缆截面积小于或等于 300 mm² 时每隔 2 m、大于或等于 400 mm² 时每隔 1.5 m 的要求，将支架固定在电气竖井上。

2）将电缆盘放在放线架上（通常电缆盘放在楼下，将电缆提拉上去）。提升用的绳索通过卷绕机与电缆连接，启动卷绕机将电缆提升上去。

3）起吊到预定位置后将吊头挂在事先准备好的吊钩上。

4）对中间部位进行固定。按设计图纸上各分支电缆的走向要求理顺方向，迅速用缆夹将主电缆紧固到支架上。在尽量短的时间内，将预分支电缆的重量均匀分布在支架上，尽量减少建筑主体吊挂横梁部位和电缆吊头的承重时间。

缆夹尽可能地将主电缆夹紧，在尽量短的时间内将预制分支电缆的重量均匀分布在支架上，减少正常运行中的电磁振动。主电缆截面积过小时，可采用在主电缆上包绝缘材料后夹紧的方法。

5）按设计图纸要求，将支线电缆终端头与所连配电箱内的元件连接，将主干电缆与其连接设备连接。

2. 电缆沿桥架敷设

（1）施放电缆机具安装

采用机械施放时，将动力机械按施放要求就位，并安装好钢丝。

（2）电缆搬运及支架架设

1）短距离搬运，常规采用滚轮电缆轴的方法，运行应与电缆轴上箭头指示方向一致，以防电缆松弛。电缆盘应轻装轻卸，不应平放运输。

2）电缆支架的架设地点应选择便于施工的位置，一般应在电缆起止点附近，架设应牢固。架设后，检查电缆轴的转动方向，电缆引出端应位于电缆轴的上方。

（3）电缆敷设

电缆敷设可用人力或机械牵引等方法。敷设前应将电缆事先排列好，画出排列图表，按图表进行施工，不应交叉，拐弯处应以截面积最大电缆的允许弯曲半径为准。敷设过程中，应敷设一根，卡固一根。

不同等级电压的电缆应分层敷设，高压电缆应敷设在上层。

在梯架、托盘或槽盒内，倾斜度大于45°的电缆应每隔2 m固定。水平敷设的电缆，首尾两端、转弯两侧及每隔5～10 m处应设固定点。

电缆出入电缆梯架、托盘、槽盒及配电（控制）柜（台、箱、盘）处，应进行固定。

（4）挂标识牌

1）标识牌规格应一致，并有防腐功能，挂装应牢固。

2）标识牌上应注明电缆编号、规格、型号及电压等级。

3）沿梯架、托盘和槽盒敷设电缆，在其两端、拐弯处、分支处应挂标识牌，直线段每隔50 m应挂标识牌。

3. 电缆沿支架敷设

（1）电缆支架加工

制作电缆支架的材料有扁钢、角钢、槽钢等。虽然支架制作日趋标准化、商品化，但在实际工作中，现场制作支架的情况也很普遍。支架的制作工艺过程如下。

1）下料。根据电缆敷设位置及要求选择支架形式、材质，确定规格后下料。例如，竖井内电缆支架沿墙敷设（见图2-42），则按表2-13确定电缆支架尺寸后，按要求下料。

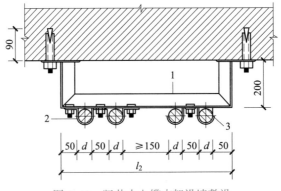

图 2-42　竖井内电缆支架沿墙敷设

1—角钢支架（40 mm×40 mm×4 mm）　2—单边电缆卡子　3—双根电缆卡子

表2-13 常见电缆外径

电缆型号 0.6 kV/1 kV	线芯截面积（mm²）	2.5	4	6	10	16	25	35	50	70	95	120	150	185	240
	电缆芯数	5	5	5	5	5	4+1	4+1	4+1	4+1	4+1	4+1	4+1	4+1	4+1
YJV YJLV	参考外径（mm）	13.5	14.8	16.1	19.6	22.4	26.2	28.8	33.4	38.8	44.1	49.5	54.1	60.5	68.2
	电缆截面积（mm²）	143	172	204	302	394	539	651	876	1 182	1 527	1 924	2 299	2 875	3 653
VV VLV	参考外径（mm）	15.2	17.8	19.2	22.8	25.8	30.1	32.7	37.7	41.9	47.6	52.0	56.8	63.0	70.7
	电缆截面积（mm²）	181	249	290	408	523	712	840	1 116	1 379	1 780	2 124	2 534	3 117	3 926
YJV₂₂ YJLV₂₂	参考外径（mm）	17.0	18.3	19.7	23.2	26.0	30.4	34.1	38.7	44.2	49.8	55.4	60.1	66.9	74.8
	电缆截面积（mm²）	227	263	305	423	531	726	913	1 176	1 534	1 948	2 411	2 837	3 515	4 394
VV₂₂ VLV₂₂	参考外径（mm）	—	21.1	22.6	26.2	29.3	34.7	37.5	42.4	46.9	52.4	57.1	61.7	67.9	75.3
	电缆截面积（mm²）	—	350	401	539	674	946	1 104	1 412	1 728	2 157	2 561	2 990	3 621	4 453

相同电压的电缆并列明敷时，电力电缆的净距不应小于 35 mm，并不应小于电缆外径。1 kV 及以下电力电缆、控制电缆与 1 kV 以上电力电缆应分开敷设；当并列敷设时，其净距不应小于 150 mm。

2）焊接及钻孔。按要求焊接并钻孔，支架的孔眼应采用电钻加工，其孔径应比吊杆或管卡大 1～2 mm，不得以气焊开孔。

3）防锈、防腐。制作好的支架用砂轮除锈并刷两遍防锈漆和一遍银粉漆。

（2）电缆支架安装

1）预埋。预埋螺栓或埋注支架应有燕尾，埋入深度应不小于 120 mm。

2）固定支架。支架与预埋件焊接固定时，焊缝应饱满；膨胀螺栓固定时，选用螺栓适配，应连接紧固，防松零件齐全。如图 2-43 所示，当设计无要求时，电气竖井内电缆支架最上层至竖井顶部或楼板距离不应小于 200 mm，电缆支架最下层至沟底或地面的距离不应小于 100 mm。

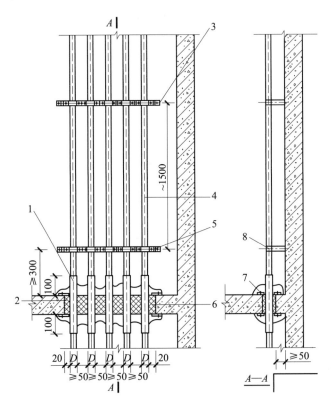

图 2-43　电气竖井内电缆沿支架敷设

1—过楼板保护套管　2—防火隔板（钢板厚 4 mm）　3—固定螺栓 M6×60　4—电缆
5—支架（扁钢 40 mm×4 mm）　6—防火堵料　7—固定螺栓 M10×80　8—管卡子

（3）电缆敷设

垂直敷设或大于 45° 倾斜敷设的电缆应在每个支架上固定；交流单芯电缆或分相后的每相电缆固定用的夹具和支架，不应形成闭合铁磁回路；电缆应排列整齐，少交叉；敷设电缆的电缆沟和竖井应有防火封堵措施。

4. 矿物绝缘电缆施工

（1）电缆绝缘测试

用 1 kV 摇表测线间及对地的绝缘电阻，应不低于 100 MΩ。

（2）矿物绝缘电缆敷设

1）矿物绝缘电缆沿电缆沟、竖井、非平顶敷设时，必须设置固定支架；沿墙面或平顶直接敷设时，必须先设置电缆卡子；在托盘或槽盒内敷设时，托盘和槽盒内必须设置固定电缆的横档或其他固定装置。

2）固定支架采用 L40×4 等边角钢制作，或采用标准模块化支架，其尺寸按电缆的规格、数量、排列方式确定。

3）固定支架间距应符合设计要求。在明敷部位，相同走向的电缆按最小规格电缆要求设置固定支架。当电缆倾斜且与垂直方向夹角不大于 30° 时，按垂直间距要求设置支架；大于 30° 时，按水平间距要求设置支架。

4）金属电缆支架必须与保护导体可靠连接。沿固定支架敷设一条接地干线，每个固定支架必须单独接至接地干线，此接地干线不少于 2 处与接地体可靠连接。

5）电缆敷设前，应检查电缆是否完好，绝缘电阻是否符合要求。当发现有潮气侵入电缆端部时，可剪去受潮段，或采用喷灯火焰直接对受潮段进行加热驱潮。

6）单芯电缆敷设时，应逐根敷设，待每组布齐且矫直后，再用专用铜电缆卡子（1～2 mm 厚铜带）或裸铜导线（直径 1.5 mm 或 2.5 mm）绑扎固定，禁止使用钢质或其他导磁金属夹具，以防止涡流产生热效应，同时也应避免单芯电缆穿过闭合的导磁孔洞。

7）矿物绝缘电缆敷设在温度变化大的场所、振动场所或穿越建筑物变形缝时，应采取"S"弯或"Ω"弯。

8）电缆敷设时，在转弯处和中间连接器两侧应增加固定点。

9）单芯电缆敷设时，应按表 2-14 排列，且每路电缆之间应留有不小于电缆外径 2 倍的间隙，如果不留间隙，应考虑降低载流量。

10）在电缆敷设过程中，电缆锯断后应立即对其端部进行临时性封堵，以免潮气侵入。

表 2-14　　　　　　　　　　　　单芯电缆排列方式

敷设方式	三相三线	三相四线
单路电缆		
两路平行电缆		

续表

敷设方式	三相三线	三相四线
两路以上平行电缆	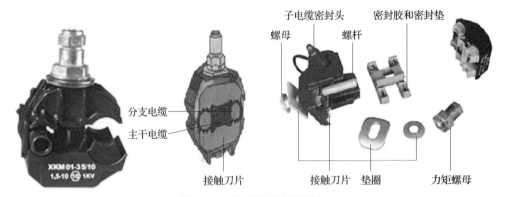	

（3）挂标识牌

要求同前。

三、电缆的 T 接

1. 电缆绝缘穿刺线夹

如图 2-44 所示，电缆绝缘穿刺线夹是实现树干式连接的一种连接器，适用于小容量动力与照明供电系统的新型电缆 T 接。绝缘穿刺线夹能刺穿硬度比金属导线低的任何种类的绝缘层。多芯电缆仅在电缆分支处剥去 20～50 cm 的铠装及护套，无须剥去导线的绝缘层，无须截断和破损线缆；单芯电缆不用剥除护套层，非常方便。该产品施工简单、安装便利、防水、环境要求低、免维修、经济性好。

如果导线连接处接触刀片的刀尖的材质及连接面积不够大，有可能导致导线 T 接处发热而损伤导线。此外，一个电缆绝缘穿刺线夹只能实现一个主干缆芯和分支缆芯的连接。

图 2-44　电缆绝缘穿刺线夹

2. 电缆 T 接端子

如图 2-45 所示，电缆 T 接端子是通过一组特殊结构的导线夹实现电缆 T 接的，同时也可用于大截面电缆的线端连接。常用的 JXT2 型 T 接端子由绝缘基座、接线框、防护罩三部分组成。接线框由导线夹、螺钉、螺母和支撑框等零件组成。导线夹与导线接触面呈包容形的犬牙交错结构，具有接触面大、压接可靠的特点，通过不同形状导线夹的相互组合，可形成双层接线。下层接入主干线，上层接入分支线，构成干线不断的"T"形连接。

（1）电缆分接前的准备工作

由于同一桥架内有多根电缆，分接前要仔细检查，核实需分接的电缆，并检查干、支线电缆外观，确保无机械损伤、明显皱褶和扭曲现象，电缆外皮绝缘层无老化及裂纹出现。

（2）对压接点做预处理

选择与电缆型号匹配的T接端子，确保其与所接电缆干、支线截面匹配，以防出现压接质量问题。打开T接端子盖子，用旋具将内部拆开，如图2-46所示。

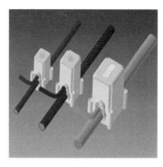

图2-45　电缆T接端子

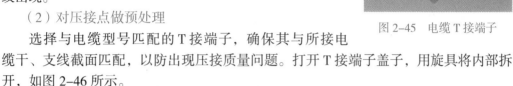

导电体①　导电体②　螺栓　螺母

图2-46　拆开的T接端子

（3）干线电缆外绝缘剥除

外绝缘剥除长度要根据芯线压接点排列总长度严格控制。T接端子分接不需要切断干线电缆。将其外绝缘剥除后，两端做电缆头封闭处理。

（4）支线电缆外绝缘剥除

选取支线电缆内各芯线分接位置要预先考虑，确定支线电缆分接需用长度后，选择最方便的分支点，再进行外绝缘剥除，并做好支线电缆头封闭处理。

（5）干、支线电缆内绝缘剥除

剥取长度要严格按端子压接长度量取，现场要严格控制，如图2-47所示。剥除内绝缘时不得损伤电缆线芯，以免影响电缆载流量。

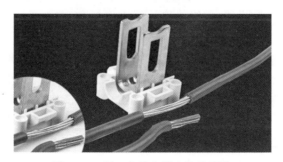

图2-47　干、支线电缆内绝缘剥除

（6）对干、支线电缆芯线分别进行压接处理

压接前要特别注意核对相序，即干线 L_1 相与支线 L_1 相压接，干线 L_2 相与支线 L_2 相压接，依此类推。

（7）将干、支线压入端子中

确保干线在下、支线在上的压接原则，如图 2-48a 所示。在端子内装入主干线之后安装固定导线夹，然后在端子内装入支线，最后将干、支线电缆分支处压接固定牢固。

（8）端子密封固定

全部压接完毕，电缆按回路排列固定牢固，同一回路电缆各压接端子位置错开排列，电缆在桥架内根据缆径大小选用塑料绑扎带固定，固定点间距 2 m，如图 2-48b 所示。

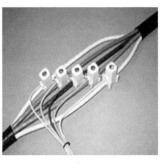

a）　　　　　　　　　　　　　　b）

图 2-48　电缆 T 接端子安装

a）干、支线连接　b）错位安装的 T 接端子

（9）摇测电缆绝缘电阻

电缆分支连接后，应对电缆的绝缘电阻进行摇测，低压电线和电缆、线间和线对地间的绝缘电阻值必须大于 0.5 MΩ。检查合格后挂标识牌。

根据建筑及工矿企业电气配电行业规范要求，很多企业设计开发了 T 接端子箱，如图 2-49 所示。使用 T 接端子箱时，无须切断主电缆，直接压接穿越 T 接端子和箱体，即可完成向各楼层的 T 接分线。T 接端子箱适用于主干电缆截面积为 16~185 mm²、分支电缆截面积为 10~150 mm² 的电路中。

但是，电缆 T 接端子和电缆绝缘穿刺线夹一样，一个端子只能连接一根主干电缆和一根分支电缆的缆芯。电缆 T 接端子安装工艺比电缆绝缘穿刺线夹复杂，施工效率较低。

3. 集成 T 接端子

集成 T 接端子是 2015 年由我国自主研发的实现树干式供电电缆 T 接的一种新型产品，2019 年开始在全国推广使用，可实现多芯电缆的 T 接连接，是高层建

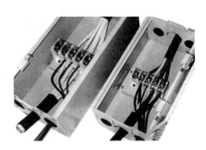

图 2-49　T 接端子箱

筑树干式供电的一个新选择，如图 2-50 所示。集成 T 接端子有阻燃型、防水型、耐火型等类型，优点是能实现多芯集成、现场安装施工、任意位置分支连接、施工便利、综合性价比高、安全防护性能和电性能优越、稳定可靠、节省建筑空间、使用寿命长、施工效率高。

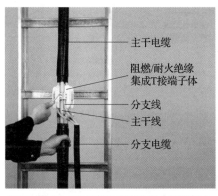

主干电缆和分支电缆集中在阻燃/耐火绝缘集成
T 接端子体上连接

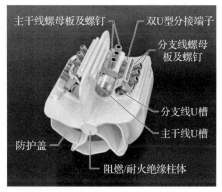

集成 T 接端子体结构

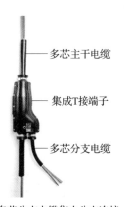

多芯主干电缆和多芯分支电缆集中分支连接

图 2-50　集成 T 接端子

技能训练

1. 参观预制分支电缆的样板施工模型。

2. 观摩电缆绝缘穿刺线夹、电缆 T 接端子和集成 T 接端子实际应用情况。

3. 查阅矿物绝缘电缆沿电缆桥架敷设、进配电箱（柜）、电缆接地敷设示意图。

4. 画出三根电力电缆直埋式敷设电缆沟截面施工图。

5. 阅读如图 2-51 所示电缆和热力管道交叉施工图，说明施工中的主要间距尺寸和采取的技术措施。

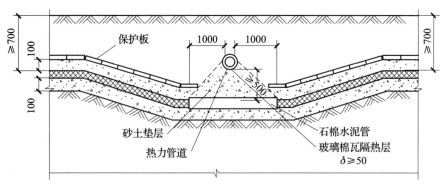

图 2-51 电缆和热力管道交叉施工图

6. 阅读如图 2-52 所示电缆沟施工图，说明电缆沟的主要结构和主要尺寸。

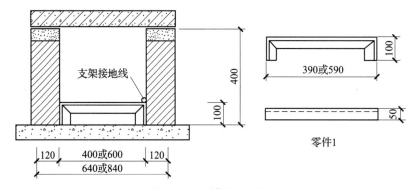

图 2-52 电缆沟施工图

7. 按如图 2-53 所示的示意图制作电缆支架。

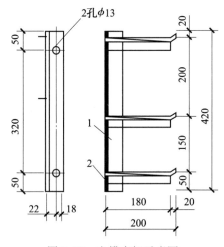

图 2-53 电缆支架示意图

1—角钢 L40×4　2—角钢 L30×4

第五节 封闭式母线安装

现代建筑用电量随着建筑规模日益扩大而迅速增加，近些年，建筑电气市场也出现了大量的低压供电干线专用材料。其中，低压封闭式插接母线槽（又称母线槽）因其供电可靠性高、结构紧凑、传输电流大、防机械损伤性能和防火性能佳等优点，得到了广泛应用，它在民用建筑中主要用在变压器低压侧出线与低压配电柜的连接，以及电气竖井中的照明线路，也可用于电力供电干线等。

一、封闭式插接母线构造

1. 直线段基本构造

封闭式插接母线可按其额定电流以及内部导体的线制分为不同规格，通常有四线制和五线制两种。封闭式插接母线一般由直线段和功能单元等配件构成，如图 2-54 所示为四线制的直线段。为便于长途运输及工地搬运，每节直线段长度一般为 2 m。

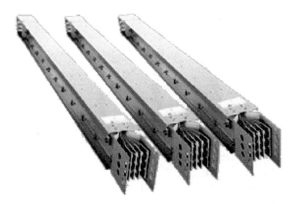

图 2-54 四线制的直线段

2. 封闭式插接母线常用配件

如图 2-55 所示，封闭式插接母线安装时，除了直线段外，还需常用配件完成线路的连接及方向的任意变换，并能够很灵活地使封闭式母线与各种设备连接。其中，始端母线槽的用途是将封闭式母线与电缆连接，或通过连接铜排与开关柜或变压器连接。插接箱用于从母线槽干线上引出所需要的电能。伸缩节又称为膨胀节，用于吸收母线槽热胀冷缩所产生的轴向变形。母线槽跨越建筑物变形缝处时，应设置补偿装置。母线直线敷设长度超过 80 m 时，每 50~60 m 宜设置伸缩节。

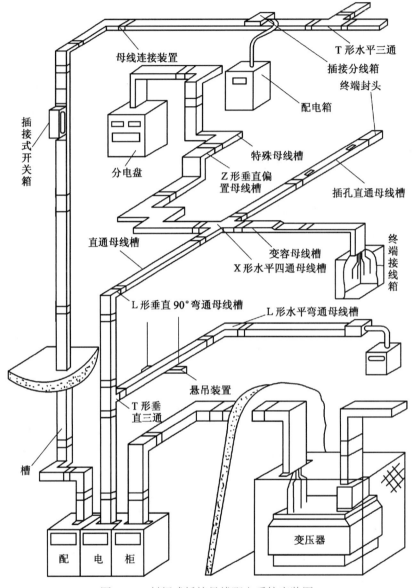

图 2-55　封闭式插接母线配电系统安装图

二、封闭式插接母线施工工艺

1. 工艺流程

封闭式插接母线安装工艺流程如图 2-56 所示。

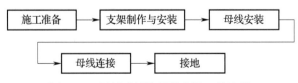

图 2-56　封闭式插接母线安装工艺流程

2. 施工要点

（1）封闭式插接母线开箱检查

1）封闭式插接母线应有出厂合格证、安装技术文件。安装技术文件应包括额定电压、额定容量等技术数据。

2）包装及封闭应良好，母线规格应符合要求，各种型钢、卡具、螺栓、垫圈等附件、配件齐全。

3）成套供应的封闭母线的各段应标识清晰、附件齐全，外壳无变形，内部无损伤。

4）封闭式插接母线螺栓固定搭接面应镀锡，表面应平整，镀锡层不应有麻面、起皮及未覆盖部分。

5）封闭式插接母线的外壳内表面涂无光泽黑漆，外表面涂浅色漆。

（2）封闭式插接母线支架制作

封闭式插接母线支架的形式是由母线的安装方式决定的，母线安装方式有垂直式安装、水平侧装和水平悬吊式安装三种。

支架可以根据用户要求由厂家配套供应，也可以自制。支架的制作、安装应按设计和产品技术文件的规定进行。设计和产品技术文件无规定时，可按下列要求制作和安装：

1）支架应根据施工现场结构类型，采用角钢、槽钢或扁钢制作，宜采用一字形、U形、L形和T形等几种形式。

2）支架应按选好的型号、测量好的尺寸下料制作，角钢、槽钢的断口必须锯断或冲压，且要求倒角，严禁使用电、气焊切割，加工尺寸最大误差不应大于5 mm。

3）支架应使用台钻或手电钻钻孔，孔径不应大于固定螺栓直径2 mm。严禁使用电、气焊割孔。

4）吊杆套丝扣应使用套丝机或套丝板加工，不允许乱丝或断丝，也不能直接采用丝杆代替套丝吊杆。

5）现场加工制作的金属支架、配件等应按要求镀锌或涂漆，若无条件或要求不高，可刷防锈漆、灰漆各一道。

（3）封闭式插接母线支、吊架的安装

1）封闭式插接母线支架安装位置应根据母线敷设需要确定。在结构封顶、室内底层地面施工完成或地面标高已确定、场地已清理、层间距离已复核后，才能确定支架设置位置。水平敷设时，应使用支架或吊架固定，固定点间距一般为2～3 m，电流在1 000 A以上者以2 m为宜。封闭式插接母线沿墙垂直固定时，应使用固定支架，在建筑物楼板上垂直安装时应使用弹簧支架。

2）距封闭式插接母线拐弯处0.4～0.6 m处以及箱（盘）连接处必须加支架。垂直敷设的封闭式插接母线，当进箱及末端悬空时，应采用支架固定。任何封闭式插接母线支、吊架安装均应位置准确、横平竖直、固定牢靠，成排安装时应排列整齐、间距均匀，固定点的位置不应设置在母线槽连接处或分接单元处。固定支架螺栓应加平垫圈和弹簧垫圈固定, 丝扣外露 2~4 扣。

3) 支架膨胀螺栓固定。安装在建筑物上的支架应根据母线路径的走向测量出较准确的支架位置, 在已确定的位置上钻孔, 先固定好安装支架的膨胀螺栓。设置膨胀螺栓套管钻孔时, 采用的钻头外径与套管外径相同, 钻成的孔径与套管外径的差值不大于 1 mm。

4) 一字形角钢支架安装。一字形角钢支架适用于母线在墙上水平安装, 支架采用预埋的方法埋设在墙体内, 角钢支架埋设深度为 120 mm 和 150 mm, 角钢外露长度当母线直立式安装时为母线宽度加 140 mm, 当母线侧卧式安装时为母线高度加 160 mm。一字形角钢支架安装如图 2-57 所示。

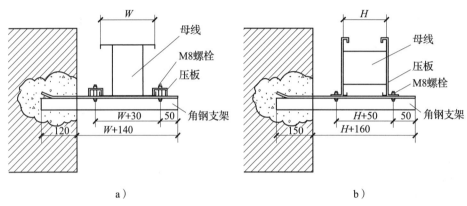

图 2-57 一字形角钢支架安装
a) 母线直立式安装用支架 b) 母线侧卧式安装用支架
W—母线宽度 H—母线高度

5) L 形角钢支架安装。L 形角钢支架适用于母线在墙或柱子上水平安装。L 形角钢支架与墙或柱子的固定使用 M12×110 膨胀螺栓。母线在 L 形角钢支架上水平安装如图 2-58 所示, 可以采用平卧式或侧卧式固定。

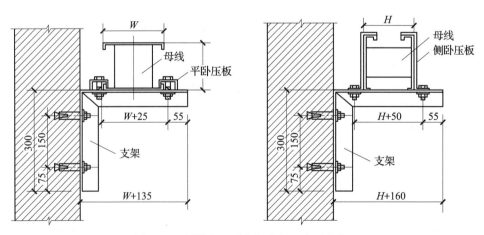

图 2-58 母线在 L 形角钢支架上水平安装

6）在楼板上安装吊架。封闭式插接母线的吊装有单吊杆和双吊杆等形式，根据母线的吊装位置不同，吊架的安装方式也不相同。母线在楼板上水平安装双杆吊架如图 2–59 所示。

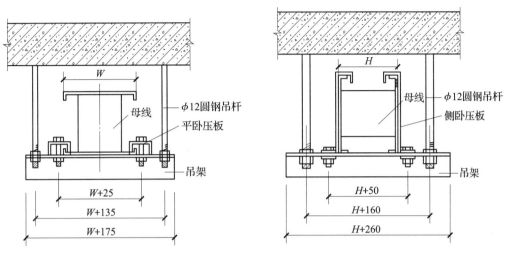

图 2–59　母线在楼板上水平安装双杆吊架

（4）封闭式插接母线安装

封闭式插接母线水平敷设时，距地面的距离不应小于 2.2 m。封闭式插接母线应按分段图、相序、编号、方向和标志正确放置。母线组装前，应逐段检查外壳是否完整，有无损伤变形，还应逐段进行绝缘测试合格（绝缘电阻值不应小于 0.5 MΩ）才能安装组对。

母线垂直安装时，不应用裸钢丝绳起吊和绑扎。母线沿墙垂直安装（限于小规格母线）时，可使用门型支架安装。

封闭式插接母线连接时，母线与外壳间应同心，误差不得超过 5 mm。段与段连接时，两相邻段母线及外壳应对准，连接后不应使母线及外壳受到机械应力。连接处应避开母线支架，且不应在穿楼板或墙壁处连接。水平敷设时，支持点间距不应大于 2.5 m；垂直敷设时，应在通过楼板处采用专用附件支撑，如图 2–60 所示。

弹簧支架的作用是固定母线槽并承受缓冲建筑自身振动对母线连接处的冲击。只有长度在 1.3 m 以上的母线槽才能安装弹簧支架，安装弹簧支架时应事先考虑好母线连接处的位置，一般要求母线穿过楼板垂直安装时，须保证母线的接头中心高于楼板面 700 mm。

（5）封闭式插接母线接地

封闭式插接母线的外壳必须接地。每段母线间应用截面积不小于 16 mm² 的编织软铜线跨接，使母线外壳连成一体。

封闭式插接母线安装完整示意图如图 2–61 所示。母线支架和封闭式插接母线的外壳接地（PE）或接零（PEN）连接完成，母线绝缘电阻测试和交流工频耐压试验合格，才能通电。

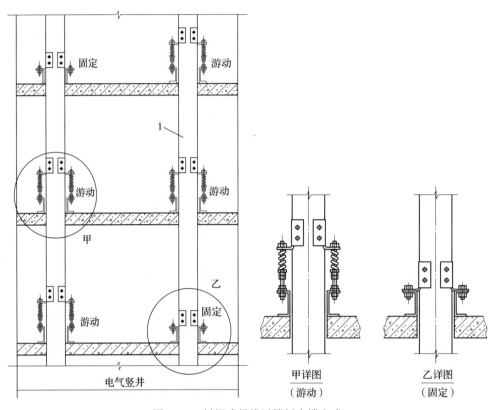

图 2-60 封闭式母线过楼板支撑方式

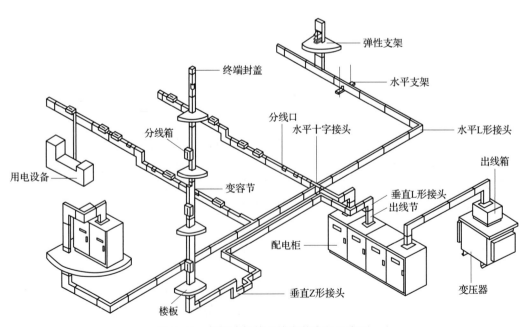

图 2-61 封闭式插接母线安装完整示意图

三、质量验收标准

1. 外观检查

防潮密封良好，各段编号标识清晰，附件齐全，外壳不变形；母线螺栓搭接面平整，镀层覆盖完整，无起皮和麻面；插接母线上的触头无缺损，表面光滑，镀层完整。

2. 安装要求

（1）主控目标

1）母线槽的金属外壳等外露可导电部分应与保护导体可靠连接，并应符合下列规定：

①每段母线槽的金属外壳间应可靠连接，且母线槽全长与保护导体可靠连接不应少于2处。

②分支母线槽的金属外壳末端应与保护导体可靠连接。

③连接导体的材质、截面积应符合设计要求。

2）当设计将母线槽的金属外壳作为保护接地导体（PE）时，其外壳导体应具有连续性且应符合国家标准《低压成套开关设备和控制设备 第1部分：总则》（GB/T 7251.1—2023）的规定。观察检查并查验材料合格证明文件、CCC认证型式试验报告和材料进场验收记录。

3）母线与母线、母线与电器或设备接线端子采用螺栓搭接连接时，应符合下列规定：

①母线的各类搭接连接的钻孔直径和搭接长度、连接螺栓的力矩值应符合规定；当一个连接处需要多个螺栓连接时，每个螺栓的拧紧力矩值应一致。

②母线接触面应保持清洁，宜涂抗氧化剂，螺栓孔周边应无毛刺。

③连接螺栓两侧应有平垫圈，相邻垫圈间应有大于3 mm的间隙，螺母侧应装有弹簧垫圈或锁紧螺母。

④螺栓受力应均匀，不应使电器或设备的接线端子受额外应力。观察检查并用尺量检查和用力矩测试仪测试紧固度。

4）母线槽不宜安装在水管正下方；母线应与外壳同心，允许偏差应为±5 mm；当母线槽段与段连接时，两相邻段母线及外壳宜对准，相序应正确，连接后不应使母线及外壳受额外应力。母线的连接方法应符合产品技术文件要求，母线槽连接用部件的防护等级应与母线槽本体的防护等级一致。

5）母线槽通电运行前应进行检验或试验，用绝缘电阻测试仪测试，绝缘电阻测试记录低压母线绝缘电阻值不应小于0.5 MΩ；检查分接单元插入时，接地触头应先于相线触头接触，且触头连接紧密，退出时，接地触头应后于相线触头脱开；检查母线与电柜、电气设备的接线相序应一致。

（2）一般项目

1）母线槽支架安装

①除设计要求外，承力建筑钢结构构件上不得熔焊连接母线槽支架，且不得热加工开孔。

②预埋铁件采用焊接固定时，焊缝应饱满；采用膨胀螺栓固定时，选用的螺栓应适配，连接应牢固。

③支架应安装牢固、无明显扭曲，采用金属吊架固定时应有防晃支架，配电母线槽的圆钢吊架直径不得小于 8 mm；照明母线槽的圆钢吊架直径不得小于 6 mm。

④位于室外及潮湿场所的金属支架应按设计要求做防腐处理。

2）母线与母线、母线与电器或设备接线端子搭接时，搭接面的处理应符合下列规定：

①铜与铜：当处于室外、高温且潮湿的室内时，搭接面应搪锡或镀银；处于干燥的室内时，搭接面可不搪锡、不镀银。

②铝与铝：可直接搭接。

③钢与钢：搭接面应搪锡或镀锌。

④铜与铝：在干燥的室内，铜导体搭接面应搪锡；在潮湿场所，铜导体搭接面应搪锡或镀银，且应采用铜铝过渡连接。

⑤钢与铜或铝：钢搭接面应镀锌或搪锡。

3）母线采用螺栓搭接时，连接处距绝缘子的支持夹板边缘不应小于 50 mm。

4）母线槽水平或垂直敷设时，固定点应每段设置一个，且每层不得少于一个支架，其间距应符合产品技术文件的要求，距拐弯接处或分接单元处 0.4～0.6 m 处应设置支架，固定点不应设置在母线槽的连接处。母线槽段与段的连接口不应设置在穿越楼板或墙体处，垂直穿越楼板处应设置与建（构）筑物固定的专用部件支座，其孔洞四周应设置高度为 50 mm 及以上的防水台，并应采取防火封堵措施，如图 2-62 所示。母线跨越建筑物变形缝处时，应设置补偿装置；母线槽直线敷设长度超过 80 m 时，每50～60 m 宜设置伸缩节。

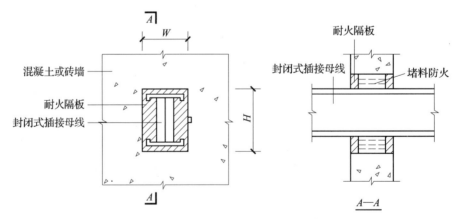

图 2-62　封闭式插接母线穿墙或楼板做法

母线槽直线段安装应平直，水平度与垂直度偏差不宜大于 1.5‰，全长最大偏差不宜大于 20 mm；照明用母线槽水平偏差全长不应大于 5 mm，垂直偏差全长不应大于10 mm。

5）母线槽外壳与底座间、外壳各连接部位及母线的连接螺栓应按产品技术文件要求正确选择，确保连接紧固。

6）母线槽上无插接部件的插接口及母线端部应采用专用的封板封堵完好。

7）母线槽与各类管道平行或交叉的净距应符合相关规定。

 想一想

在高层建筑中安装封闭母线有哪些优点？

技能训练

1. 参观一栋高层建筑的封闭插接母线槽配电系统。

2. 识读封闭插接母线槽配电施工图。

 思考练习题

1. 阅读图 2-63，说明接线盒与焊接钢管之间如何正确连接。

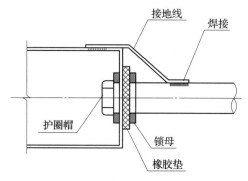

图 2-63　接线盒与焊接钢管连接

2. 阅读图 2-64，说明图中钢管在球形网架上的固定方法，以及图中采用的型钢种类和规格。

3. 阅读图 2-65，说明该图配管所用型钢的类型、规格。

4. 根据图 2-66 说明焊接钢管连接处接地跨接的不同做法。

5. 建筑工程中，梯级式、托盘式、槽盒式电缆桥架分别适用于哪些场合？

6. 根据某建筑电气分部工程的部分施工图，选择该项目用的绝缘导线（电线），提出材料计划。

7. 简述管内穿线的工艺流程，说明其验收主控目标。

8. 怎样用兆欧表测量电缆绝缘电阻？

9. 预分支电缆在施工时，为什么要尽可能早地用缆夹将主电缆夹紧固定？

10. 简述直埋电缆敷设的工艺流程。

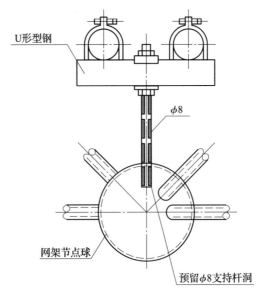

图 2-64　钢管在球形网架上固定

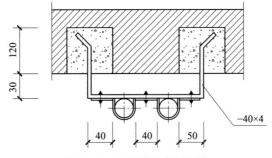

图 2-65　沿墙采用支架配管

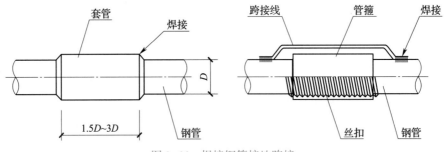

图 2-66　焊接钢管接地跨接

11. 在电缆直埋的路径上遇到哪几种情况时，应采取保护措施？

12. 什么是电缆沟敷设？电缆沟敷设的特点是什么？

13. 封闭式插接母线槽适用于哪些场合？其规格包含哪些内容？

14. 封闭式插接母线槽质量标准的主控目标有哪些？

第三章

照明装置安装

📖 **学习目标**

　　熟练掌握基本照明装置的电气安装工艺，了解特殊场所灯具的安装工艺和注意事项，了解宾馆套房照明电路的基本构成和安装工艺，能识读施工平面图，了解并掌握照明配电箱的制作方法和安装工艺，能识读相关图样。

　　电气照明在工农业生产和日常生活中占有重要地位，照明装置由电光源、灯具、开关和控制电路等部分组成。用于照明的电光源，按其发光原理不同，可分为热辐射光源和气体放电光源两大类。白炽灯、卤钨灯等是利用灯丝受热温度升高时辐射发光的原理而制造的光源，称为热辐射光源；荧光灯、高压汞灯、金属卤化物灯等是利用灯泡（灯管）内气体放电时发光的原理而制造的光源，称为气体放电光源。本章着重介绍建筑楼宇内照明装置的安装。

第一节 基本照明装置安装

一、基本照明电路及单相电度表安装

　　基本照明装置包括简单照明电路、两地控制一盏灯电路、单相电度表、开关、插座和常见灯具等设备，图示及说明见表3-1。

表3-1　　　　　　　　　　　　　常见的基本照明电路

名称	图示	说明
一只单联开关控制一盏灯	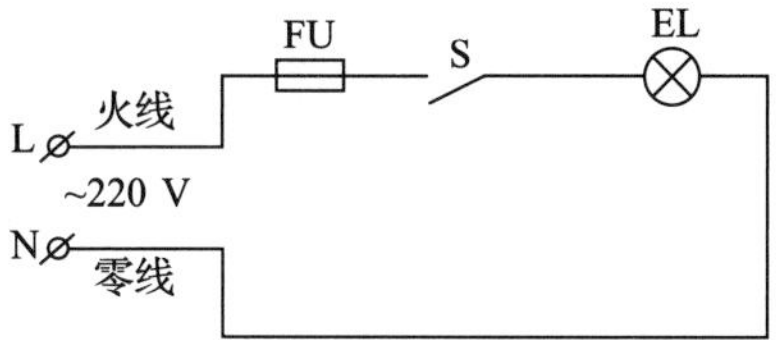 L〇─ 火线 ~220 V　N〇─ 零线　（FU　S　EL电路）	开关S应安装在相线上，开关以及熔断器的额定值不能小于所安装灯泡的额定值。螺口灯头的金属螺纹壳应接零线，灯头中心的金属舌片应接火线

续表

名称	图示	说明
一只单联开关控制一盏灯并连接一只插座		这种安装方法外部连线可做到无接头，接线安装时，插座所连接的用电器额定值小于插座的额定值，选用连接插座的线所能通过的正常额定电流应大于用电器的最大工作电流
一只单联开关控制三盏灯（或多盏灯）		安装接线时，要注意所连接的所有灯的总电流应小于开关允许通过的额定电流
两只单联开关控制两盏灯		多只单联开关控制多盏灯时，可按左图虚线部分接线
两只双联开关在两处控制一盏灯		这种方式用于两地需同时控制的场合，如楼梯、走廊电灯等。安装时，需要使用两只双联开关
三只开关在三处控制一盏灯		开关 S1 和 S3 用单刀双掷开关，而 S2 用双刀双掷开关，3 个开关中的任何一个都可以独立控制电路通断

 想一想

1. 为什么照明电路中灯和插座都是采用并联方式连接在相线和零线之间？
2. 开关为什么都接在相线上？

1. 开关、灯头、单相电度表、插座、插头的安装

开关、灯头、单相电度表、插座、插头的安装见表3-2。

表3-2　　　　　　　　开关、灯头、单相电度表、插座、插头的安装

项目	图示	工艺要求
开关的安装	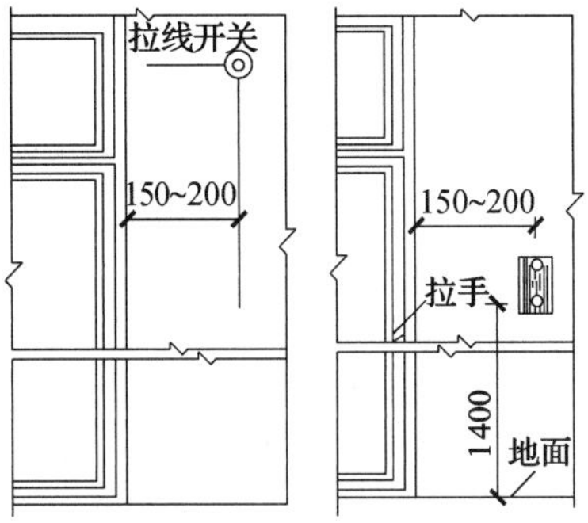 拉线开关位置　　跞板式开关位置	开关通常装在门旁边或其他便于操作的地方。拉线开关距地面高度为2~3 m，若室内净高低于3 m时，拉线开关可安装在距顶板0.2~0.3 m处。跞板式开关离地面高度应不小于1.3 m，拉线开关和跞板式开关与门框的距离以150~200 mm为宜
拉线开关的安装		先在绝缘方（或圆）木台上钻两个孔，穿进导线后，用一只木螺钉固定在支撑点上。然后拧下拉线开关盖，把两根导线头分别穿入开关底座的两个穿线孔内，用两根长度不大于20 mm的木螺钉，将开关底座固定在绝缘木台（或塑料台）上，把导线分别接到接线桩上，然后拧上开关盖。明装拉线开关拉线口应垂直向下，不使拉线和开关底座发生摩擦，防止拉线磨损断裂
跞板式开关的安装	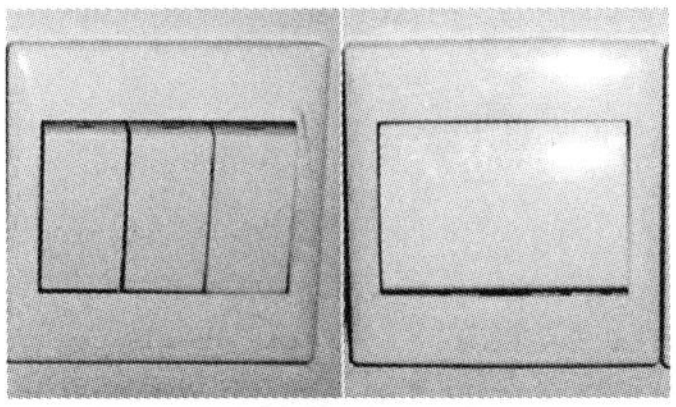	跞板式开关应与配套的开关盒一起安装。开关接线时，应使开关切断相线。并根据跞板开关的跞板或面板上的标记确定安装方向，即装成跞板下部按下时，开关应在合闸位置，上部按下时，开关应在断开位置
灯头的安装		如左图所示，将导线穿出圆木线孔，用木螺钉紧固圆木，去除线头绝缘，并将相线接在灯座中心弹簧舌片对应的螺钉上，零线接在螺纹壳对应的螺钉上，再用两个小螺钉将灯座固定在圆木上，最后拧上灯泡

项目	图示	工艺要求
单相电度表的安装	 a） 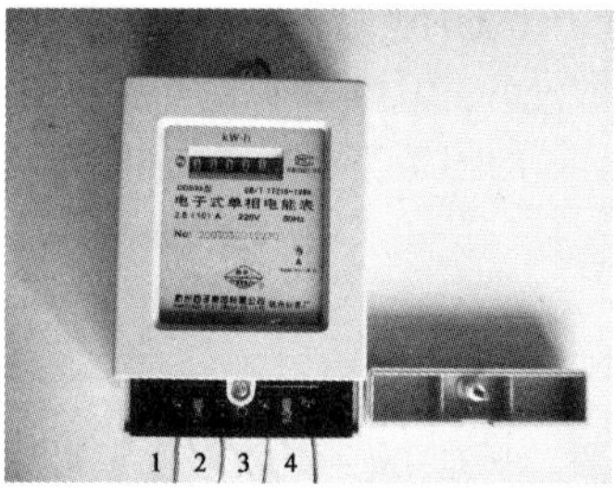 1　2　3　4 b）	单相电度表的安装场所要干燥、整洁，无振动、无腐蚀、无灰尘、无杂乱线路，表板的下沿离地面至少 1.8 m。 安装单相电度表时，表身必须与地面垂直，否则会影响单相电度表的准确度。 接线前必须查看附表说明书，根据说明书的接线图和要求，把进线和出线依次对号接在单相电度表的线柱上。左图 a 为电磁式单相电度表，左图 b 为电子式单相电度表。打开接线端盖后，从左往右四个接线柱编号为"1、2、3、4"，一般规律是"1、3 进，2、4 出"，且"1"接线柱为火线接线柱，"3"接线柱为零线接线柱，所用电能可直接通过单相电度表读出
插座插孔的极性连接	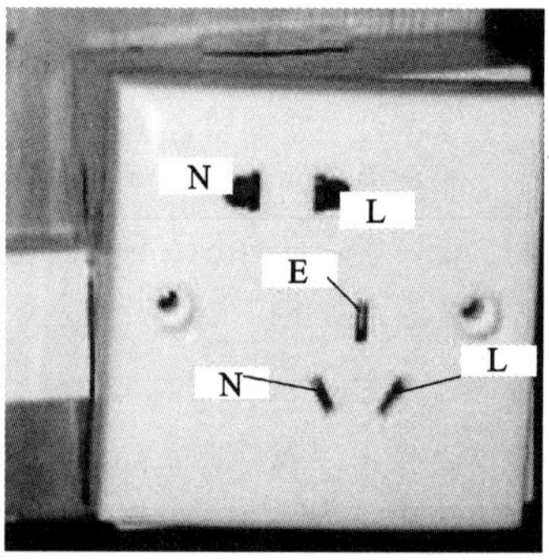 N　L　E　N　L	安装插座时，其插孔的极性连接应严格按左图中的要求进行（L 接相线，N 接零线，E 接保护接地线），切勿错接。当交流、直流或不同电压等级的插座安装在同一场所时，应有明显区别，并且注意插头和插座应配套使用
三孔插座的暗装	 a）	在已预埋墙中的导线端的安装位置处按暗盒的大小凿孔，并凿出埋入墙中的导线管走向位置。将管中导线穿过暗盒后，把暗盒及导线管同时放入槽中，用水泥砂浆填充固定。暗盒应安放平整，不能偏斜。将已埋入墙中的导线剥去 15 mm 左右绝缘层后，按左图所示分别接入插座接线桩中，拧紧螺钉，如左图 a 所示。将插座用平头螺钉固定在开关暗盒上，压入装饰钮或装饰面板，如左图 b 所示

续表

项目	图示	工艺要求
三孔插座的暗装	 b)	
二极插头的安装	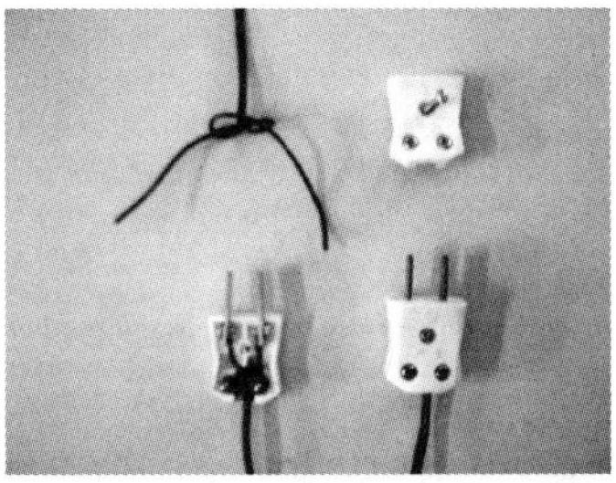	将两根导线端部的绝缘层剥去。在导线端部附近打一个电工扣；拆开端头盖，注意螺钉、螺母不要丢失；将剥好的多股线芯拧成一股，固定在接线端子上；多余的线头要剪掉，不要露铜丝毛刺，以免短路；盖好插头盖，拧上螺钉即可
三极插头的安装	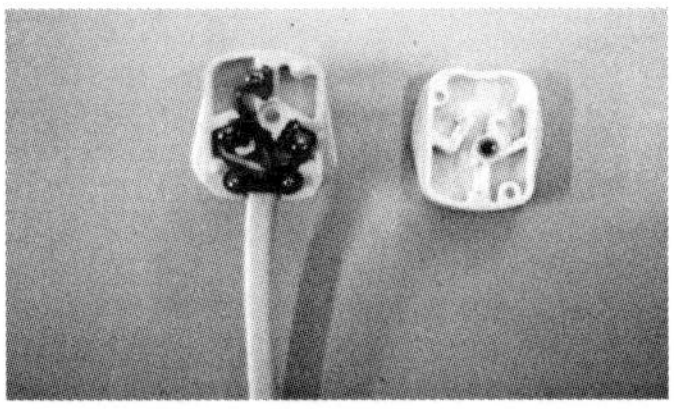	三极插头的安装与二极插头的安装类似，不同的是导线一般选用三芯护套软线。其中一根带有黄绿双色（或黑色）绝缘层的线芯接地线。其余两根一根接零线，另一根接相（火）线

2. 暗装开关、插座的安装

现代楼宇内的开关、插座多采用暗装的方式，操作流程及工艺要求见表3-3。

表3-3　　　　　　　　暗装开关、插座的操作流程及工艺要求

操作流程	工艺要求
复核盒的位置和标高	根据施工图，以500 mm线为基准复核盒的位置和标高。如果盒子较深（大于25 mm时），应加装套盒
清理预埋盒	清理盒内杂物，再用湿布将盒内灰尘擦拭干净
接线	压接端子接线时，导线应按顺时针方向盘圈压紧在开关插座的相应端子上，插接端子接线时，线芯直接插入接线孔内，孔径较大时，导线弯回头，再将顶丝旋紧。线芯不得外露，接线时导线要留有维修余量，剥线时不应伤到线芯
面板安装	将盒内甩出的导线与插座、开关的面板按相序连接并压好，理顺后将开关或插座推入盒内，调整面板对正盒眼，用螺钉固定，固定时应使面板端正，并紧贴墙面

（1）开关接线

1）同一场所的开关切断方向应一致，操控灵活，导线压接牢固。

2）灯具电源的相线必须经开关控制。

3）开关连接的导线宜在圆孔接线端子内折回头压接（孔径允许折回头压接）。

4）多联开关不允许拱头连接，应采用缠绕或接线帽压接总头后，再进行分支连接。

（2）插座接线

1）单相两孔插座有横装和竖装两种安装方式。横装时，面对插座的右极接相线（L），左极接中性线（N）；竖装时，面对插座的上极接相线（L），下极接中性线（N）。

2）单相三孔、三相四孔及单相五孔插座（PE）线均应接在上孔，插座保护接地端子不应与工作零线端子连接。

（3）开关安装一般规定

1）同一建（构）筑物的开关应采用一系列的产品，开关的通断方向也应一致，操作灵活，接触可靠。

2）设计无要求时，跷板式开关距地面高度一般应为1.3 m，距门口150～200 mm。开关不得置于单扇门后。

3）开关位置应与灯位相对应，并列安装的开关高度应一致。

4）在易燃、易爆和特别潮湿的场所，开关应分别采用防爆型、密闭型或安装在其他场所进行控制。

（4）插座安装一般规定

1）车间及实验室等处安装的工业用插座，除特殊场所设计另有要求外，距地面不应低于0.3 m。

2）托儿所、幼儿园及小学等儿童活动场所应采用安全插座，采用普通插座时，其安装高度不应低于1.8 m。

3）同一房间内安装的插座高度应一致，成排安装的插座高度应一致。

4）地面安装插座应有保护盖板，专用盒的进出导管及导线的孔洞应用防水密闭胶严密封堵。

5）在特别潮湿和有易燃、易爆气体及粉尘等的场所，应安装防火型或防爆型插座，且有明显的防火、防爆标志。

特别提示

1. 开关、插座安装在木结构上时，应做好防火处理。

2. 多联开关不能拱头连接，应缠绕或接线帽压接总头后，再进行分支连接。

3. 不同电源种类或不同电压等级的插座安装在同一场所时，外观与结构应有明显区别，不能互相代用，使用的插头与插座应配套。同一场所的三相插座相序应一致。

4. 插座箱内安装多个插座时，导线不允许拱头连接，宜采用接线帽或缠绕形式接线。

二、常见灯具安装

常见照明灯具主要有白炽灯和荧光灯。灯具安装方式按配线方式、建筑结构、环境条件及对照明的要求不同，可分为吸顶式、壁装式、嵌入式、悬吊式和柱式等。

1. 典型电光源的分类

典型电光源的种类名称、图示及说明见表3-4。

表 3-4 典型电光源的种类名称、图示及说明

种类名称		图示	说明
热辐射光源	白炽灯		白炽灯是第一代电光源，属于热辐射光源，主要由灯头、灯丝、玻璃泡组成。灯丝由高熔点的钨丝制成，电流通过时产生电流热效应，使灯丝升温至白炽状态而发光
	卤钨灯	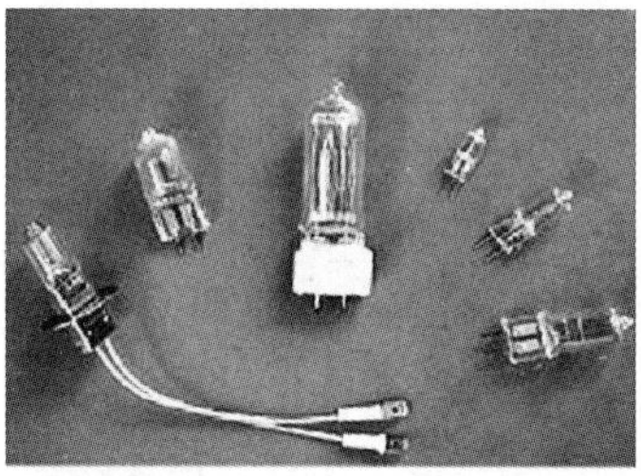 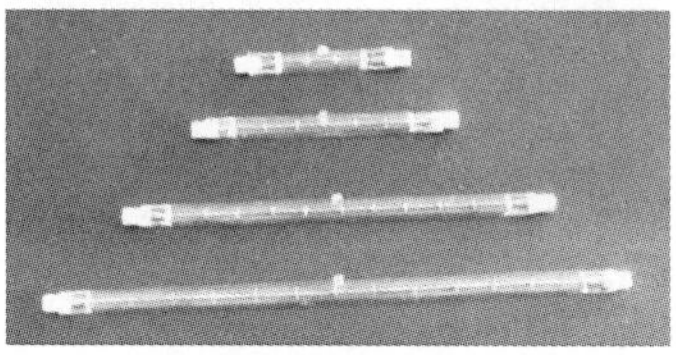	卤钨灯也是一种热辐射光源，灯管（泡）多采用石英玻璃，灯头一般为陶瓷，灯丝通常为螺旋式直线状，管（泡）内充入适量氩气和微量卤素（碘或溴）。其发光原理与白炽灯相同，但它利用了卤钨循环的特点，防止了钨的蒸发和灯泡的发黑现象
气体放电光源	日光灯	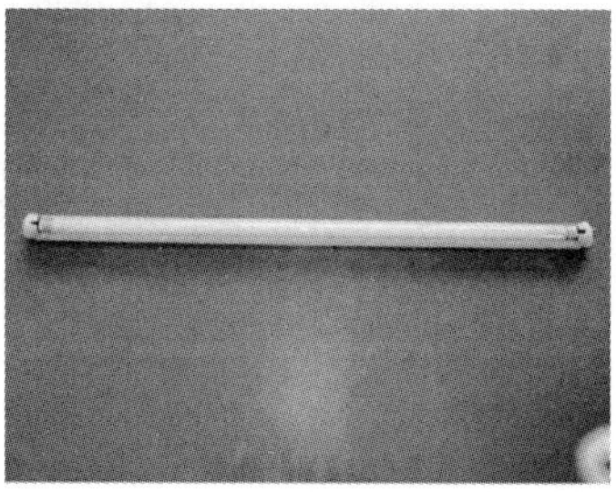	日光灯又称荧光灯，是第二代光源的代表，属气体放电光源。灯管内壁涂有一层荧光粉，灯管内壁两个电极加上电压后，由于气体放电产生紫外线，紫外线激发荧光粉发出可见光，其光效比白炽灯高得多。近年来，相继生产出配有快速启动镇流器、高频

种类名称	图示	说明
日光灯		电子镇流器的日光灯，使日光灯在启动、功率因数、光效、节能等方面获得较好的性能指标
汞灯		汞灯又称高压水银灯，其发光原理和日光灯一样，只是构造上增加了一个内管。它是一种功率大、发光效率高的光源，常用于空间高大的建筑物中，悬挂高度一般在 5 m 以上。由于它的光色差，在室内照明中可与白炽灯、卤钨灯等光源混合使用
高压钠灯		高压钠灯是利用高压钠蒸气放电而工作的，它的优点是光效高、寿命长、紫外线辐射少，光色为金白色，透雾性好，但显色性差，多用于室外需要高照度的场所，也常与汞灯混用于体育场、大型车间等场所
金属卤化物灯		金属卤化物灯是在汞灯基础上发展起来的电光源，它是在石英放电管内添加某些金属卤化物制成的，与汞灯相比，不但提高了光效，显色性也有很大改进。金属卤化物灯多用于繁华的街道及要求照度高、显色性好的大面积照明场所

（注：左侧纵向合并单元格为"气体放电光源"）

续表

种类名称		图示	说明
气体放电光源	氙灯	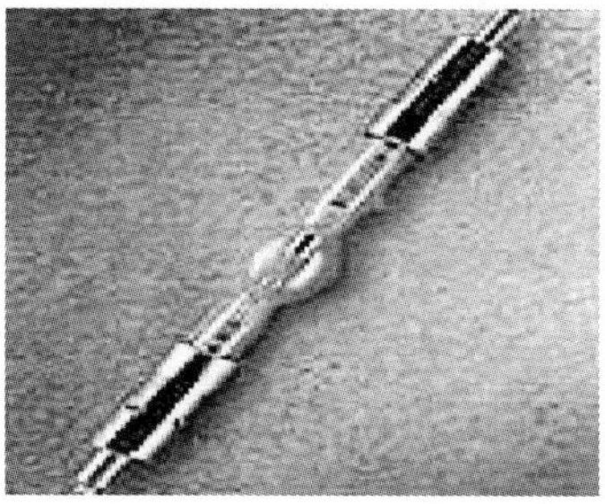	氙灯利用高压氙气放电产生很强的白光，和太阳光十分相似，俗称小太阳。其显色性好、功率大、光效高，适用于广场、机场、港口等场所的照明

想一想

1. 什么是热辐射光源？什么是气体放电光源？
2. 除表 3–4 中所列的典型电光源外，还有哪些电光源？

2. 常见灯具的安装方式

常见灯具的安装方式、图示及说明见表 3–5。

表 3–5　　　　　　常见灯具的安装方式、图示及说明

安装方式	图示	说明
吸顶式		吸顶式就是将灯具用吸贴的方式装在顶棚上的一种安装方式。吸顶式灯具应用广泛，为防止眩光，常采用乳白色玻璃吸顶灯，适用于各种室内场合
壁装式	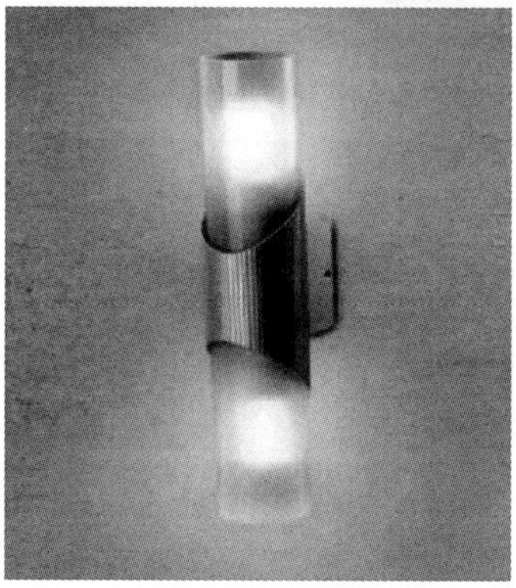	壁装式就是用托架将灯具直接装在墙壁上的一种安装方式。壁装式灯具（壁灯）主要用于室内装饰，也可加强照明，是一种辅助性照明装置

续表

安装方式	图示	说明
嵌入式		嵌入式就是在有吊顶的房间内，将灯具嵌入吊顶内的一种安装方式。这种安装方式可以消除眩光，与吊顶相结合能产生较好的装饰效果
悬吊式		悬吊式就是用软线、链子、管子等将灯具从顶棚上吊下来的一种安装方式，在一般照明中应用较多
柱式		柱式就是用钢管支撑灯具固定于预埋底座上的一种安装方式，常用于庭院、公园、马路的照明

3. 施工准备

（1）材料要求

灯具：灯具的型号、规格必须符合设计要求和国家标准的规定。灯内配线严禁外露，灯具配件齐全，无机械损伤、变形、油漆剥落、灯罩破裂、灯箱歪翘等现象。所有灯具应有产品合格证。

吊管：采用钢管作为灯具的吊管时，钢管内径一般不小于 10 mm。

吊钩：吊钩的圆钢直径不小于吊挂销钉的直径，且不得小于 6 mm。

瓷接头：瓷接头应完好无损，所有配件齐全。

支架：必须根据灯具的重量选用相应规格的镀锌材料做成支架。

灯卡具（爪子）：塑料灯卡具（爪子）不得有裂纹和缺损。

其他材料：绝缘台、各种螺钉、各种规格绝缘导线、焊锡、焊剂及恢复绝缘用各种胶带。

（2）主要机具

各种钳子、电工刀、旋具、电烙铁、焊锡锅、500 V 兆欧表及万用表。

（3）作业条件

在结构施工中做好预埋工作，混凝土楼板应预埋螺栓，吊顶内应预下吊杆。盒子口修好，木台、木板油漆完。对灯具安装有影响的模板、脚手架已拆除。顶棚和墙面的抹灰工作、室内装饰浆活及地面清理工作均已结束。

4. 工艺流程

（1）灯具检查

1）根据安装场所不同，灯具应符合以下要求：在易燃和易爆场所应采用防爆式灯具；有腐蚀性气体及特别潮湿的场所应采用封闭式灯具，灯具的各部件应做好防腐处理；潮湿的厂房内和户外应采用有泄水孔的封闭式灯具；多尘的场所应根据粉尘的浓度及性质不同，采用封闭式或密闭式灯具；灼热多尘场所应采用投光灯；可能受机械损伤的厂房内，应采用有保护网的灯具；震动场所灯具应有防震措施（如采用吊链软性连接）；除敞开式灯具外，其他各类灯具的灯泡功率在 100 W 及以上者均应采用瓷灯口。

2）检查灯内配线是否符合以下要求：灯内配线应符合设计要求及有关规定；穿入灯箱的导线在分支连接处不得承受额外应力和磨损，多股软线的端头需盘圈；灯箱内的导线不应过于靠近热光源，并应采取隔热措施；使用螺灯口时，相线必须接在灯芯柱上。

3）特殊灯具检查：各种标志灯的指示方向正确无误；应急灯必须灵敏可靠；事故照明灯具应有特殊标志；供局部照明的变压器必须是双圈的，初级变压器和次级变压器均应装有熔断器；携带式局部照明灯具用的导线宜采用橡套导线，接地线或接零线应在同一护套内。

（2）灯具组装

组合式吸顶花灯组装：将灯具的托板放平，如果托板为多块拼装而成，就要将所有的边框对齐，并用螺钉固定，将其连成一体，按照说明书及示意图把各个灯口装好。确定出线和走线的位置，将端子板（瓷接头）用螺钉固定在托板上。根据已固定好的端子板（瓷接头）至各灯口的距离掐线，把导线削出线芯，盘好圈后，压入各个灯口，理顺各灯头的相线和零线，用线卡子分别固定，并且按供电要求分别压入端子板。

吊顶花灯组装：将导线从各个灯口穿到灯具本身的接线盒里，一端盘圈压入各个灯口。理顺各个灯头的相线和零线，根据相序分别连接，包扎并甩出电源引入线，将电源引入线从吊杆中穿出。

（3）灯具安装

1）普通灯具安装。将灯头盒内的电源线从塑料台的穿线孔中穿出，留出接线长度，削出线芯，将塑料台紧贴建筑物表面，对正位置，用木螺钉将塑料台固定在灯头盒上。

将电源线由吊线盒底座出线孔内穿出，并压牢在其接线端子上，余线送回至灯头盒，然后将吊线盒底座或平灯座固定在塑料台上。

如果是软线吊灯，首先将灯头线穿过吊线盒盖，打好保险扣，接头盘圈固定在吊线盒内与电源线连通的端子上，如图3-1所示。

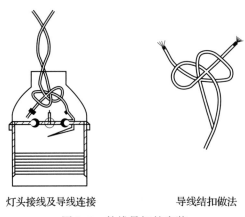

灯头接线及导线连接　　　　　　导线结扣做法

图3-1　软线吊灯的安装

灯具吊线如需穿塑料软管，必须将软管两端剪成两半，分别压在吊线盒与灯头内的保险扣上，软管不能脱出。

链吊或管吊的灯具安装时应使用法兰式吊线盒，将吊链或吊管固定在法兰盘上。

将电源线线芯按顺时针方向盘圈，平压在灯座螺钉上。如果灯具留有软线接头，则用软线在削出的电源线芯上缠绕5~7圈后，将线芯折回压紧并刷锡，用电工胶布分层包扎紧密。将包扎好的接头调顺放回灯头盒，并用长度不小于20mm的木螺钉固定。

2）荧光灯安装。吸顶荧光灯安装。首先确定灯具位置，然后将电源线穿入灯箱，将灯箱贴紧建筑物表面，用胀管螺栓固定，如图3-2所示。

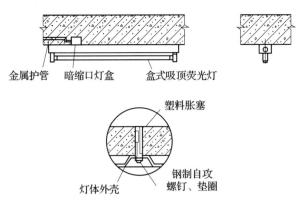

金属护管　暗缩口灯盒　盒式吸顶荧光灯

塑料胀塞

灯体外壳

钢制自攻
螺钉、垫圈

图3-2　吸顶荧光灯安装

灯头盒不外露的盒式荧光灯的安装。若荧光灯是安装在吊顶板上的，应采用自攻螺钉将灯箱固定在专用吊架上，将电源线从接线盒穿金属软管引至灯箱接线盒内，盖上灯箱盖，装上灯管，如图3-3所示。

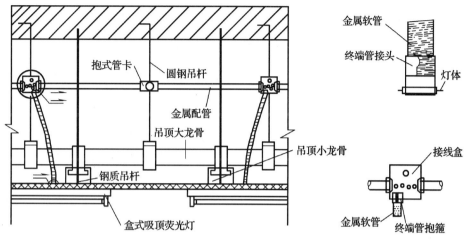

图3-3　盒式荧光灯安装

吊链日光灯安装。根据灯具至顶板的距离，截好吊链，把吊链一端挂在灯箱挂钩上，另一端固定在吊线盒内，将导线依顺序编叉在吊链内，并引入灯箱，在灯箱的进线孔处应套上橡胶绝缘胶圈或阻燃黄蜡管以保护导线，在灯箱内的端子板（瓷接头）上压牢。导线连接应刷锡，并用绝缘套管保护。用镀锌机制螺钉将灯具的反光板固定在灯箱上，调整好灯脚，装好灯管。

嵌入式荧光灯安装。根据灯具与吊顶内接线盒之间的距离进行断线及配制金属软管等操作，但金属软管必须与盒、灯具可靠接地，其长度不得大于1.2 m，如果采用阻燃喷塑金属软管，可不做跨接地线。金属软管连接时，必须采用配套的软管接头与接线盒及灯箱可靠连接，吊顶内严禁有导线明露。

3）嵌入式筒灯的安装。按施工图确定灯口位置及直径大小，交由土建专业人员在吊顶板上开孔。选择灯具时，普通筒灯或节能筒灯上方应有接线盒，并与灯具固定在一起。土建专业人员封板时，将电源线由开好的板洞引出，封好板后将金属软管引入灯具接线盒，压牢电源线，然后将筒灯从洞口向上推入，用灯具本身的卡具与吊顶板紧密固定。顶板或吊顶内的接线盒与灯具灯头盒电气连接时，采用金属软管。金属软管与接线盒固定时，应采用专用接头，并做跨接地线。调整灯具与顶板使其平整牢固，安装灯管或灯泡。

4）各型花灯安装。组合式吸顶花灯安装。根据预埋的螺栓和灯头盒的位置，在灯具的托板上开好安装孔和出线孔，且出线孔应加绝缘胶圈。安装时，将托板托起，将电源线和灯具各支路导线连接并包扎严密，放回灯头盒内，将托板用螺栓固定，调整各个灯口，使托板四周和顶棚贴紧，安装灯具附件，以及灯管或灯泡。

链吊式花灯在顶板下安装。安装方法如图3-4所示，将组装好的灯具托起，把吊链穿过扣碗挂在预埋好的吊钩上，从扣碗底座引出的电源线与灯线用压线帽连接，理顺后将接头放入扣碗内，将扣碗拧紧。调整吊链，安装灯泡和灯罩。

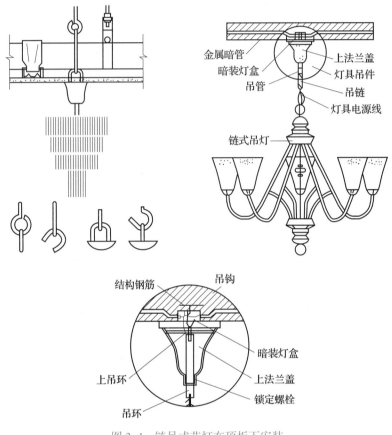

图 3-4　链吊式花灯在顶板下安装

5）光带的安装。根据灯具的外形尺寸及质量制作吊架，再根据灯具的安装位置，把吊架固定在预埋件或胀管螺栓上。光带的吊架必须单独安装，大型光带必须先做好预埋件。吊架固定好后，用机螺钉将光带的灯箱固定在吊架上，再将接线盒内电源线穿入阻燃金属软管引入灯箱，电源线与灯具的导线连接并包扎紧密。调整各灯脚，装上灯管和灯罩，最后根据吊顶平面调整灯具的直线度和水平度。如果灯具对称安装，其纵横轴线应在灯具的中心线上。

6）壁灯的安装。先根据灯具的外形选择合适的木台（板）或灯具底托，把灯具摆放在上面，四周留出的余量要对称，然后用电钻在木板上开好出线孔和安装孔，在灯具的底板上也开好安装孔，将灯具的灯头线从木台（板）的出线孔中甩出，在墙壁上的灯头盒内接头，并包扎严密，将接头塞入盒内。把木台或木板对正灯头盒，贴紧墙面，可用机螺钉将木台直接固定在盒子耳朵上，如果是木板就用胀管固定。调整木台（板）或灯具底托使其平正，再用螺钉将灯具拧在木台（板）或灯具底托上，最后配好灯泡、灯伞或灯罩。安装在室外的壁灯，其台板或灯具底托与墙面之间应加防水胶垫，并应打好泄水孔。

7）特殊灯具的安装规定。特殊灯具的安装应符合下列规定：

行灯安装：电压不得超过 36 V。灯体及手柄应绝缘良好，坚固耐热，耐潮湿。灯头与灯体结合紧固，灯头应无开关。灯泡外部应有金属保护网。金属网、反光罩及悬吊挂钩均应固定在灯具的绝缘部分上。在特别潮湿的场所或导电良好的地面上，或工作地点狭窄、行动不便的场所（如锅炉内、金属容器内），行灯电压不得超过 12 V。携带式局部照明灯具所用的导线宜采用橡套软线，接地线或接零线应在同一护套内。

手术台无影灯安装：固定螺钉的数量不得少于灯具法兰盘上的固定孔数，且螺栓直径应与孔径配套；在混凝土结构方面，预埋螺栓应与主筋焊接在一起，或将挂钩末端弯曲与主筋绑扎锚固；固定无影灯底座时，均须采用双螺母。

金属卤化物灯（钠铊铟灯、镝灯等）安装：灯具安装高度宜在 5 m 以上，电源线应经接线柱连接，并不得使电源线靠近灯具的表面。灯管必须与触发器和限流器配套使用。投光灯的底座应固定牢固，按需要的方向将驱轴拧紧固定。事故照明的线路和容量在 100 W 以上的白炽灯泡密封安装时，均应使用 BV–105 型耐温线。

36 V 及以上照明变压器安装：变压器应采用双圈的，不允许采用自耦变压器。初级变压器与次级变压器应分别在两盒内接线。电源侧应有短路保护，其熔丝的额定电流不应大于变压器的额定电流。外壳、铁芯和低压侧的一端或中心点均应接保护地线。

公共场所的安全灯应装有双灯。固定在移动结构（如活动托架等）上的局部照明灯具的敷线要求：导线的最小截面积应符合设计要求，并应敷于托架的内部；导线不应在托架的活动连接处受到拉力并产生磨损，应套塑料套予以保护。

（4）通电试运行

灯具安装完毕，且各条支路的绝缘电阻摇测合格后，方允许通电试运行。通电后应仔细检查灯具的控制是否灵活、准确，开关与灯具控制顺序是否相对应，如果发现问题必须先断电，然后查找原因进行修复。

5. 质量标准

（1）主控项目

1）灯具固定应符合下列规定：

①灯具固定应牢固可靠，在砌体和混凝土结构上严禁使用木楔、尼龙塞或塑料塞固定。

②质量大于 10 kg 的灯具，固定装置及悬吊装置应按灯具质量的 5 倍恒定均布载荷做强度试验，且持续时间不得少于 15 min。

2）悬吊式灯具安装应符合下列规定：

①带升降器的软线吊灯在吊线展开后，灯具下沿应高于工作台面 0.3 m。

②质量大于 0.5 kg 的软线吊灯，灯具的电源线不应受力。

③质量大于 3 kg 的悬吊灯具如果固定在螺栓或预埋吊钩上，螺栓或预埋吊钩的直径不应小于灯具挂销直径，且不应小于 6 mm。

④当采用钢管作灯具吊杆时，其内径不应小于 10 mm，壁厚不应小于 1.5 mm。

⑤灯具与固定装置及灯具连接件之间采用螺纹连接的，螺纹啮合扣数不应少于 5 扣。

3）吸顶或墙面上安装的灯具，其固定用螺栓或螺钉不应少于2个，灯具应紧贴饰面。

4）由接线盒引至嵌入式灯具或槽灯的绝缘导线应采用柔性导管保护，不得裸露，且不应在灯槽内明敷。柔性导管与灯具壳体应采用专用接头连接。

5）普通灯具的Ⅰ类灯具外露可导电部分必须采用铜芯软导线与保护导体可靠连接，连接处应设置接地标识，铜芯软导线的截面积应与进入灯具的电源线截面积相同。

6）除采用安全电压外，设计无要求时，敞开式灯具灯头与地面距离应大于2.5 m。

7）埋地灯防护等级符合设计要求，埋地灯的接线盒应采用防护等级为IPX7的防水接线盒，盒内绝缘导线接头应做防水绝缘处理。

8）庭院灯、建筑物附属路灯安装时，灯具与基础固定应可靠，地脚螺栓备帽应齐全；灯具接线盒应采用防护等级不小于IPX5的防水接线盒，盒盖防水密封垫应齐全、完整；灯具的电气保护装置应齐全，规格应与灯具适配；灯杆的检修门应采取防水措施，且闭锁防盗装置完好。

9）安装在公共场所的大型灯具的玻璃罩，应采取防止玻璃罩碎裂后向下溅落的措施。

10）LED灯具安装应牢固可靠，饰面不应使用胶类粘贴；灯具安装位置应有较好的散热条件，且不宜安装在潮湿场所；灯具用的金属防水接头密封圈应齐全、完好；灯具的驱动电源、电子控制装置安装在室外时，应置于金属箱（盒）内；金属箱（盒）的IP防护等级和散热应符合设计要求，驱动电源的极性标记应清晰、完整；室外灯具配线管路应按明配管敷设，且应具备防雨功能。

（2）一般项目

1）引向单个灯具的绝缘导线截面积应与灯具功率相匹配，绝缘铜芯导线的线芯截面积不应小于1 mm²。

2）灯具的外形、灯头及其接线应符合下列规定：

①灯具及其配件应齐全，不应有机械损伤、变形、涂层剥落和灯罩破裂等缺陷。

②软线吊灯的软线两端应做保护扣，两端线芯应搪锡；当装升降器时，应采用安全灯头。

③除敞开式灯具外，其他各类容量在100 W及以上的灯具，引入线应采用瓷管、矿棉等不燃材料作隔热保护。

④连接灯具的软线应盘扣、搪锡压线，当采用螺口灯头时，相线应接于螺口灯头中间的端子上。

⑤灯座的绝缘外壳不应破损和漏电。带有开关的灯座，开关手柄应无裸露的金属部分。

3）灯具表面及其附件的高温部位靠近可燃物时，应采取隔热、散热等防火保护措施。

4）高低压配电设备、裸母线及电梯曳引机的正上方不应安装灯具。

5）投光灯的底座及支架应牢固，枢轴应沿需要的光轴方向拧紧固定。

6）聚光灯和类似灯具出光口面与被照物体的最短距离应符合产品技术文件要求。

7）导轨灯的灯具功率和载荷应与导轨额定载流量和最大允许载荷相适配。

8）露天安装的灯具应有泄水孔，且泄水孔应设置在灯具腔体的底部。灯具及其附件、紧固件、底座和与其相连的导管、接线盒等应有防腐蚀和防水措施。

9）安装于槽盒底部的荧光灯具应紧贴槽盒底部，并应固定牢固。

10）庭院灯、建筑物附属路灯灯具的自动通、断电源控制装置应动作准确，灯具应固定可靠、灯位正确，紧固件应齐全、拧紧。

6. 成品保护

灯具进入现场后应码放整齐、稳固，并要注意防潮，搬运时应轻拿轻放，以免碰坏表面的镀锌层、油漆及玻璃罩。

安装灯具时不要碰坏建筑物的门窗及墙面。灯具安装完毕后不得再次喷浆，防止器具污染。

 思考与练习

1. 在安装灯具线路时，为什么要采用"火（相）线进开关、地（零）线进灯头"的做法？

2. 常见灯具安装的操作工艺分为哪几步？

技能训练

1. 在训练板或训练墙上进行开关、灯头、单相电度表、插座、插头的安装训练。

2. 在训练板或训练墙上安装一组复合照明电路（含管线安装，建议用 PVC 管或 PVC 线槽布线）。

第二节　特殊场所灯具安装

爆炸性危险场所除存在于煤矿外，还存在于很多工业行业，例如石油、医药、化肥、塑料、造纸、粮食、木材、染料等，甚至存在于一些社会公共事业单位，如医院、学校等。在这些危险场所中，防爆灯具是必不可少的照明电气产品。本节主要介绍防爆灯具的安装。

防爆灯具属于爆炸性环境用电气产品的一种，按其防爆形式不同，主要分为隔爆型"d"、增安型"e"、无火花型"n"、粉尘防爆型"DIP"，以及由两种或两种以上防爆形式组成的复合型防爆形式等。它的生产、安装、使用及检修和其他防爆电气产品一样，必须遵守相关国家标准的规定。正确选型、安装、使用和维护是确保防爆灯具长期正常运行，获得满意照度的重要环节。图 3-5 所示为部分特殊场所灯具外形。

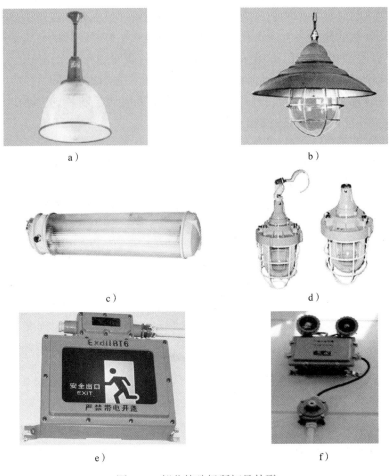

图 3-5　部分特殊场所灯具外形

a）防尘灯　b）防水防尘灯　c）防爆日光灯　d）增安型防爆灯　e）防爆安全疏散指示灯　f）防爆应急灯

　　防爆灯具常见的安装方式有吸顶式、壁装式、管吊式等，使用最多的是管吊式。防爆灯具的线路一般采用镀锌钢管穿管布线，或塑料护套电缆布线、铠装电缆布线。图 3-6 所示为防爆灯具线路安装实物图。

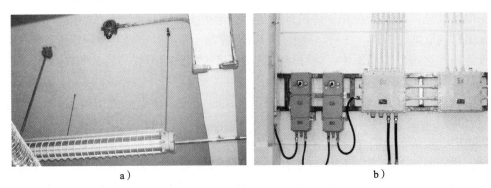

图 3-6　防爆灯具线路安装实物图

a）防爆日光灯安装实物图　b）防爆接线盒与防爆开关盒连接实物图

下面就以采用镀锌钢管布线的防爆灯具的安装为例，介绍其安装方法。安装的主要工作是钢管布线、引入装置的安装和防爆灯具的接线。

1. 采用镀锌钢管布线的防爆灯具的安装

采用镀锌钢管布线的防爆灯具的安装，见表3-6。

表3-6　　　　　　　　　采用镀锌钢管布线的防爆灯具的安装

操作流程	工艺要求
准备工作	1. 准备电工工具、电锤（包括电锤专用硬质合金钻头）、万用表、兆欧表等工具、仪表 2. 准备耐热压敏胶带、铝胶带、电缆、钢管、接线盒、隔爆型防爆灯等材料 3. 详细阅读产品使用说明书，熟悉灯头结构和安装方式，熟悉灯具的防爆原理
钢管布线的安装	1. 在爆炸性危险场所不允许采用绝缘导线或塑料管明敷设，应穿钢管敷设，宜采用镀锌水煤气管 2. 布线时，先用膨胀螺栓安装好防爆电气设备、防爆接线盒、分支盒。对接线盒、分支盒及挠性连接管应有特殊要求，在安装过程中注意保护好隔爆电器的隔爆面，不得损伤 3. 在安装过程中，钢管间，以及钢管与设备、接线盒、灯位盒、隔离密封盒、防爆挠性连接管间的连接处，应采用钢管螺纹连接 4. 现场量取镀锌水煤气钢管长度后，通过钢管螺纹连接，两头套螺纹6~8牙（不能过长），连接时，先在螺纹上涂铅油或磷化膏及工业凡士林，然后拧紧，螺纹应无乱牙，啮合应紧密，且拧入有效牙数不少于5牙，其外露螺纹也不宜过长。除设计特殊说明外，一般不必焊跨接线 5. 穿入导线时，注意零线也要和相线一起穿在同一管内，导线在管子中不允许有接头
隔离密封盒的安装	按设计要求，钢管穿线时，在电气设备的进线口（无密封装置），管路通过隔墙、楼板或地面引入其他场所时，离楼板、墙面或地面300 mm左右处以及管径为50 mm以上的管路每隔15 m处，要安装隔离密封盒。易积冷凝水处、管路垂直段的下方还要加装排水式隔离密封盒
挠性连接管的安装	钢管布线时，与电气设备连接有困难处，管路通过建筑物的伸缩缝、沉降缝处装设防爆挠性连接管。挠性连接管外形及结构如图3-7所示。先检查挠性连接管有无裂纹、孔洞、机械损伤、变形等缺陷，否则更换，然后穿线，最后在挠性连接管两头的内螺纹接头与外螺纹接头的螺纹上涂铅油或磷化膏及工业凡士林，一端接钢管，另一端接设备进线引入装置，旋紧两端螺纹，至少旋进5牙以上，再旋紧两头的接头螺母
钢管引入装置安装	钢管布线时，其防爆电气设备的进线口设有钢管布线引入装置
接线与绝缘检测	1. 爆炸危险场所内的接线要求比普通场所高。连接要牢靠，不能因振动、发热、热胀冷缩等原因而松动 2. 接线时，要适当采取措施，用钳子或扳手固定接线柱，以防止接线时因转动将接线柱根部的导线拧断

操作流程	工艺要求
接线与绝缘检测	3. 用螺母压紧时，螺母下面应有弹簧垫圈或采用双螺母。防爆电气设备上采用弓形垫圈或碗形垫圈，用以压紧多股导线，或用专用的接线头连接导线，只用压紧螺母或螺栓直接压在导线上是不允许的。端子正确接线方法如图 3-9 所示 4. 绝对不允许有电线及接头外露在爆炸危险区域内（接地接零线及其接头除外） 5. 用 500 V 兆欧表测量各处（包括绕组、用电器、导线、电缆等）的绝缘电阻，不小于 0.5 MΩ 为合格
密封与修补	1. 接线与绝缘检测完毕，盖上密接线盒盖，并用密封胶泥密封。密封胶泥只有与相应的隔离密封套正确配合使用时，才能达到隔离密封效果。安全型防爆灯的隔离密封方法如图 3-10 所示 2. 爆炸性危险场所电气装置安装完毕，通知土建专业人员对安装电气设备时造成的建筑物个别损伤处进行修补或粉刷

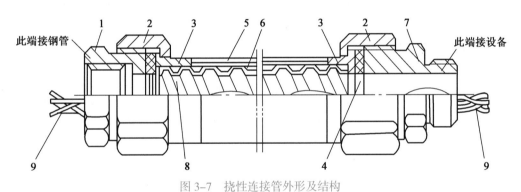

图 3-7　挠性连接管外形及结构

1—内螺纹接头　2—接头螺母　3—内接头　4—密封圈　5—帘织布
6—橡胶套管　7—外螺纹接头　8—镀锌金属软管　9—绝缘导线

2. 隔离密封盒的安装步骤

（1）去除盒内锈斑、灰尘、油渍。

（2）按要求穿好穿线管，放好导线，导线在盒内不准有接头。

（3）分开安放盒内导线，使导线之间、导线与盒壁之间分开至最大距离。

（4）用石棉等纤维堵塞填充可能使密封填料流出去的地方，防止密封填料流出。

（5）严格按产品说明书配方和搅拌速度要求配制密封填料（密封填料原包装已破损的，不能使用），并灌入密封盒，要控制速度，浇灌时间不得超过其初凝时间。

（6）填充密封胶泥或密封填料，应将盖内充实、填满至浇灌口的下端为止，凝固后其表面应无龟裂。

（7）排水式密封盒充填后的表面要光滑。充填时，密封盒一头应填高一些，使填料表面有自行排水的坡度。

3. 钢管布线引入装置的安装步骤

钢管布线引入装置如图 3-8 所示，其安装步骤为：

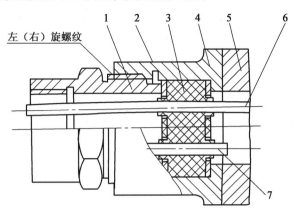

图 3-8　钢管布线引入装置

1—压紧螺母　2—金属垫圈　3—弹性密封圈　4—连通节
5—接线盒　6—绝缘导线　7—弹性密封圈多余线孔堵塞导线

（1）拆开连通节与接线盒之间的连接，然后依次旋开压紧螺母、金属垫圈、弹性密封圈和另一个金属垫圈。

（2）钻穿弹性密封圈的穿线孔，准备穿线用，如果穿线孔太大，可切割至大小与导线线径相仿（$D=$ 导线外径 ± 0.5 mm）。

（3）依次将导线穿过压紧螺母、金属垫圈、弹性密封圈的穿线孔，多余的穿孔用外径稍大于其孔径的导线堵塞，再将导线穿过另一个金属垫圈及连通节。

（4）打开电气设备接线盒密封接线盖，粗略量一下接线长度，做少量调整。

（5）按拆开过程相反的顺序，将各零部件装进连通节中，旋紧压紧螺母，使进线口密封，用手拉动导线，相对于连通节无法拉动，则为合格。

（6）将连通节装上接线盒壳体。

（7）在接线盒内接线。

（8）在另一端（压紧螺母端）旋紧防爆挠性连接管，端子正确接线方法如图 3-9所示。

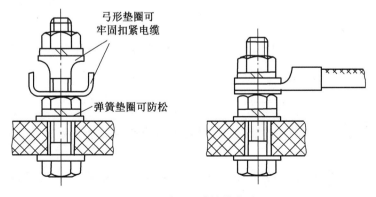

弓形垫圈可牢固扣紧电缆

弹簧垫圈可防松

图 3-9　端子正确接线方法

4. 隔离密封的具体方法

安装防爆灯具时，灯具附近的管口和吊管上部都要做好隔离密封处理。以 B3C-200 型防爆灯为例，灯头附近的管口也要隔离密封，安全型防爆灯的隔离密封方法如图 3-10 所示。

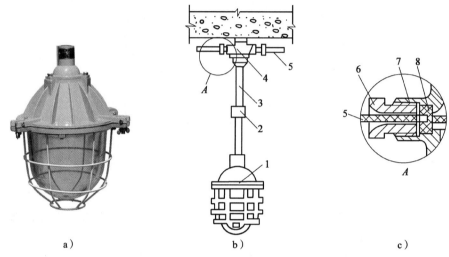

图 3-10　安全型防爆灯的隔离密封方法

a）防爆灯外形图　b）安装　c）导入装置

1—防爆灯具　2—密封漏斗　3—钢管　4—接线盒　5—电缆
6—压紧螺母　7—垫圈　8—橡胶封垫

5. 对防爆灯具安装人员的要求

（1）安装人员必须经过专业培训。

（2）详细阅读产品使用说明书，明确产品所有标志的含义。

（3）严格按照产品使用说明书规定的要求准确安装防爆灯具。例如，有些灯具有指定的安装位置，安装人员必须严格遵守；有些灯具在电缆引出口处的温度较高，安装人员必须选用耐高温电缆、导线。

 查一查

　　防爆电气设备铭牌上应包括哪些主要内容？铭牌上方要有什么明显的标志？

特别提示

1. 灯具有下列情况时应停止使用：外壳发现变形、裂痕，盖及外壳上的螺纹有严重划伤或损伤，玻璃有裂纹。

2. 灯具外罩应齐全，螺栓要坚固，不准随意对防爆灯具进行改装或更换零件。

3. 螺旋式灯泡应旋紧，要接触良好，不得有松动。

4. 无电镀或磷化层的隔爆面，经清洗后应涂磷化膏、工业凡士林，严禁涂刷其他油漆。紧固件不得随意更换，弹簧垫圈应齐全。

5. 防爆电气设备的所有螺纹连接处不得缠麻、生料带或涂其他油漆。

 思考与练习

1. 防爆灯具常见的安装方式有哪几种？使用最多的是哪种？
2. 采用镀锌钢管布线的防爆灯具的安装步骤有哪些？

操作技能

模拟安装一盏防爆灯具（含管线安装、接线，用镀锌钢管与防爆开关连接）。

第三节 宾馆客房照明电路安装

宾馆客房照明电路安装的主要工作是线管暗敷设、床头控制柜安装、灯具安装及调试。线管暗敷设参阅第二章第一节导管敷设部分的相关内容，灯具安装参阅本章第一节的相关内容。本节着重介绍床头控制柜安装及控制电路的接线。

一、床头控制柜

床头控制柜是宾馆、饭店、公寓等建筑物室内主要设施之一，主要作用是控制客房内的各种照明灯、接收广播电视节目，与节能器配合使用。

1. 床头控制柜的主要功能

（1）控制客房内的灯光及调节系统。

（2）接收多种广播节目。

（3）调节控制空调机。

（4）控制电视机的电源开关。

（5）呼叫服务。

（6）调节其他电子控制系统。

2. 床头控制柜的结构形式

床头控制柜的外形结构尺寸和色调应根据使用要求和室内装修统一考虑，床头控制柜面板上的功能开关和设备要结合使用功能进行配置。如图3-11所示为床头控制柜面板常见布置形式。

a）

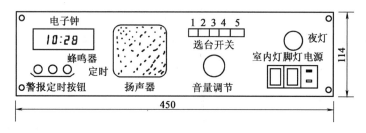

b）

图 3-11　床头控制柜面板常见布置形式

a）普通控制面板　b）带广播、电子钟的控制面板

二、宾馆房间电气设备布置

常见宾馆房间的电气设备布置如图 3-12 所示。宾馆照明电路安装流程和工艺要求见表 3-7。

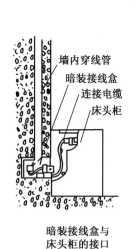

图 3-12　常见宾馆房间的电气设备布置

表 3–7　　　　　　　　　　　　　　　　宾馆照明电路安装流程和工艺要求

安装流程	工艺要求
施工平面图识读	根据施工平面图，确定开关、插座、灯具、床头控制柜等设备的接线盒的规格及安装位置，确定管线的规格型号及敷设路径。如图 3–13a 所示为灯具、盘管风机、开关、控制面板等的施工平面图，如图 3–13b 所示为插座、取电钥匙、控制面板等的施工平面图
管、线、盒安装	预埋管、盒与管内穿线工作参照第二章中管线暗敷安装的工艺要求进行
电气设备的安装	宾馆房间电气设备的安装包括灯具、各种开关、控制面板等的安装接线。灯具、各种开关的安装参照本章第一节中的方法要求进行。控制面板及各灯具、开关等的接线按图 3–14 或图 3–15 所示进行
绝缘测试与通电	用绝缘摇表测绝缘电阻。测量时所有灯泡、灯管均应卸下，使每个回路均处在开路状态，测得的绝缘电阻值不小于 0.5 MΩ，接线无误，方可装上灯泡、灯管等负载并通电

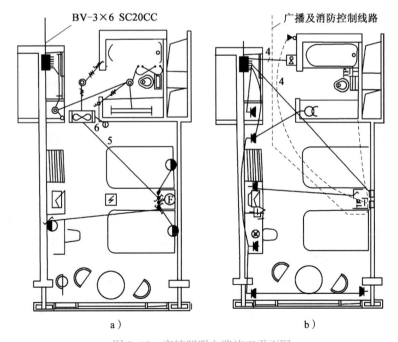

图 3–13　宾馆照明电路施工平面图

a）灯具、盘管风机、开关、控制面板等的施工平面图

b）插座、取电钥匙、控制面板等的施工平面图

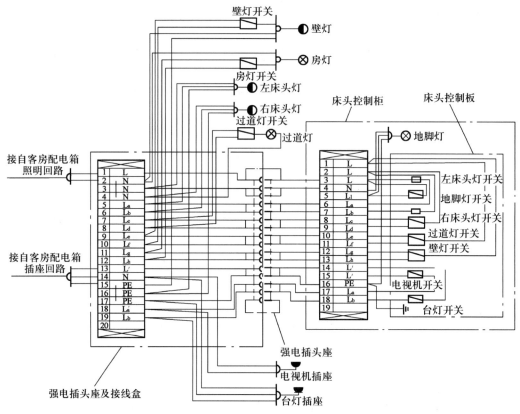

图 3-14　普通控制面板的接线

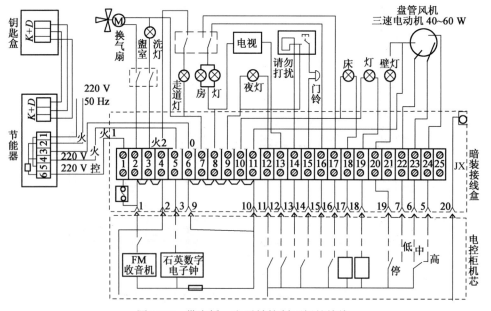

图 3-15　带广播、电子钟控制面板的接线

特别提示

1. 不采用钥匙盒节能器时，则将接线端子板 JX 的 1 和 5 接到 220 V 火线，X 的 6 接到 220 V 零线。

2. 暗装接线盒内熔断器的熔丝规格应根据使用电器、灯泡功率决定，一般在 3 A 左右。

3. 空调开关用于控制盘管风机的三速电动机，而不是空调机。

 查一查

如图 3-13 所示，宾馆照明电路施工平面图中各电气符号的含义是什么？

 思考与练习

1. 宾馆客房的电气设备通常都有哪些？

2. 简述如图 3-13 所示施工平面图的控制过程。

技能训练

模拟安装如图 3-16 所示的宾馆客房电源控制箱电路。

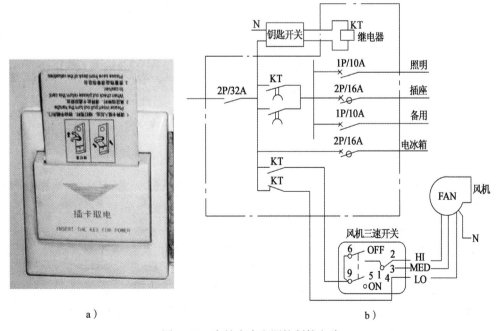

图 3-16　宾馆客房电源控制箱电路

a）节能钥匙开关　b）与控制箱连接的电路原理图

配电箱（盘）是用来控制、监视动力和照明的电气设备，箱（盘）内安装有电工仪表、刀开关、低压断路器、交流接触器、电流互感器等电气元件，是保障配电系统安全正常运行的最基础环节，一般分布在各种用电场所，与人的接触比较多。因此，配电箱（盘）的制作组装与安装工作是非常重要的。如图 3-17 所示为落地式安装的配电箱（也叫配电柜）外形图。

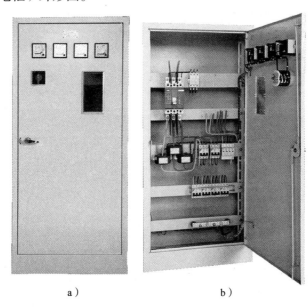

a ）　　　　　　　　　　　b ）

图 3-17　落地式安装的配电箱外形图

a ）箱门已上锁后的配电箱的正面　b ）箱门开启后的情形

一、弹线定位与固定配电箱（盘）

1. 配电箱（盘）的类型

配电箱（盘）分为动力配电箱（盘）和照明配电箱（盘）两种类型。按其安装方式不同，可分为明装和暗装两种，如图 3-18 所示，图 3-18a 为可移动的明装式动力配电箱，图 3-18b 为暗装式照明配电箱。按制作方法不同，配电箱（盘）有厂家定制和现场加工制作两种。厂家定制的配电箱（盘）的安装工作内容包括开箱、检查、安装、接线、接地。本节介绍配电箱的定位与固定工艺。

2. 配电箱（盘）安装的基本要求

（1）弹线定位是配电箱安装的一项主要工作，其目的是有预埋木砖或铁件时，可以更准确地找出预埋件，或者可以画出金属膨胀螺栓或射钉的位置。

（2）在混凝土墙或砖墙上固定明装配电箱（盘）时，采用暗配管及暗分线盒和明配管两种方式。如有分线盒，先将盒内杂物清理干净，然后将导线理顺，分清支路

a）　　　　　　　　　　　　　b）

图 3-18　配电箱

a）可移动的明装式动力配电箱　b）暗装式照明配电箱

和相序，按支路绑扎成束。待找准箱（盘）位置后，将导线端头引至箱内或盘上，逐个剥削导线端头，再逐个压接在器具上，同时将保护地线压接在明显的地方，并将箱（盘）调整平直后进行固定。

（3）在木结构或轻钢龙骨扩板墙上固定配电箱（盘）时，应采用加固措施。配管在护板墙内暗敷设，并有暗接线盒时，要求盒口与墙面平齐，在木制护墙处应做防火处理。暗装配电箱固定时，可根据预留孔尺寸先找好箱体的标高及水平尺寸，并将箱体固定好，然后用水泥砂浆填实，并将周边抹平，待水泥砂浆固定后再安装盘面和贴面。

（4）安装盘面要求平整，周边间隙均匀对称，贴面（门）平整，不歪斜，螺钉垂直受力均匀。

 想一想

哪些场所不能装设配电箱（盘）？

3. 弹线定位与固定配电箱（盘）操作

弹线定位与固定配电箱（盘）操作见表 3-8。

表 3-8　　　　　　　　　弹线定位与固定配电箱（盘）操作

操作流程	工艺要求
熟悉配电箱（盘）安装图	熟读电气照明安装平面图，结合系统图和主要设备及材料表，明确配电箱（盘）是明装还是暗装，配电箱（盘）是否是加工定制的，核对实物与图样要求是否相符
弹线定位	根据图样要求找出配电箱（盘）位置（一般安装在电源进口处，并尽量接近负载中心），并按照配电箱（盘）的外形尺寸进行弹线定位 当设计图样无明确要求时，一般应按以下原则确定：

操作流程	工艺要求
弹线定位	（1）配电箱（盘）应装在清洁、干燥、明亮、不易受振、不易受损、无腐蚀性气体及便于抄表、维护和操作的地方 （2）配电箱（盘）一般设在室内，但对于公共建筑，应设在管理区域内。多层建筑各层配电箱（盘）应尽量设在同一垂直位置上，以便敷设干线立管和供电。配电箱（盘）不宜设在建筑物的纵横交接处、建筑物的外墙上、楼梯踏步侧墙上，以及散热器的上方和水池上、下侧 （3）配电箱（盘）明装时高度为 1.5 m，暗装时高度为 1.2 m，如果装有电能表，高度应为 1.8 m。在同一建筑物内，同类箱（盘）的高度应一致，允许偏差为 10 mm
配电箱（盘）固定	配电箱（盘）的固定必须平整、牢固，箱体应垂直于地面，垂直度允许偏差为 3 mm。常用固定方法有以下三种： （1）铁架固定明装配电箱（盘） （2）金属膨胀螺栓固定明装配电箱（盘） （3）暗装配电箱（盘）埋设固定 三种固定方法的具体工艺要求见下文
绝缘测试	配电箱（盘）全部电器安装完毕后，用 500 V 绝缘电阻表对线路进行绝缘摇测 （1）摇测相线与相线之间的绝缘电阻，并做好记录 （2）摇测相线与零线之间的绝缘电阻，并做好记录 （3）摇测相线与地线之间的绝缘电阻，并做好记录 （4）摇测零线与地线之间的绝缘电阻，并做好记录 以上摇测的绝缘电阻值均应符合图样要求，认真填写记录，作为技术资料存档
通电试运行	配电箱（盘）安装及导线压接后，无差错后试送电，检查元器件及仪表指示是否正常，并标注好各回路编号及用途

4. 配电箱（盘）固定的具体方法

（1）铁架固定明装配电箱（盘）

1）依据配电箱（盘）底座尺寸，将角钢调直，量好尺寸，划好锯口线，锯断煨弯，钻孔位煨弯时用角尺找正。

2）用电（气）焊时，将对口缝焊牢，并将埋入端做成燕尾，然后除锈，刷防锈漆。

3）按需要标高用水泥砂浆将铁燕尾端埋注墙孔，埋入时要注意铁架的平直度和空间距离，用线坠和水平尺测量准确后再稳住铁架。

4）待水泥砂浆凝固后方可将配电箱（盘）与铁架连接紧固，同时要对箱（盘）体进行找正。

（2）金属膨胀螺栓固定明装配电箱（盘）

1）根据弹线定位的要求找到准确的固定位置。

2）用电锤或冲击钻在固定点位置钻孔，孔洞应平直，不得歪斜。钻头要与膨胀螺栓的规格相配，使所钻的孔径刚好可将金属膨胀螺栓的膨胀管部分轻打埋入墙内，在轻打金属膨胀螺栓时，要用螺母套在螺栓上，防止损坏螺栓上的螺纹。

3）固定配电箱（盘），同时要对箱（盘）体进行找正。

（3）暗装配电箱（盘）埋设固定

1）箱（盘）体的埋设固定。首先根据施工图要求的标高和预留洞位置，将卸下箱门（盘面）、箱（盘）芯后的箱（盘）体放入洞内，找好标高和水平位置，并将箱（盘）体与管路连接固定好。如图 3-19 所示，用水泥砂浆填实周边，并抹平。待土建粉刷装饰好墙面后，再进行箱（盘）芯安装接线、箱门（盘面）的安装。

2）箱（盘）芯安装接线。首先将箱壳内杂物清理干净，并将导线理顺，分清支路和相序，箱（盘）芯对准固定螺栓位置推进，然后调平、调直、拧紧固定螺栓，再将理顺的导线绑扎成束后分别与各端子连接，如图 3-20 所示。

图 3-19 箱（盘）体的埋设固定

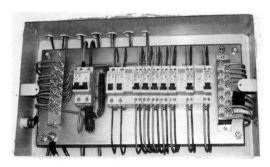

图 3-20 箱（盘）芯安装接线

3）箱门（盘面）的安装。箱门（盘面）应平整、垂直，周边间隙均匀对称，固定螺钉垂直受力均匀。

4）管路进配电箱（盘）。管路进明、暗装配电箱（盘）的做法如图 3-21 所示。

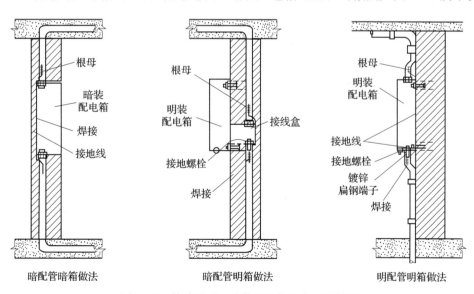

图 3-21 管路进明、暗装配电箱（盘）的做法

特别提示

1. 在弹线定位时要认真注意地坪位置，用水平导管测出同一水平位置，确保配电箱（盘）的标高垂直度不超过允许偏差。

2. 安装铁架之前，应对铁架进行调直找正。

3. 配电箱（盘）安装应牢固、平整，其垂直度允许偏差为 3 mm。

4. 在埋注铁架或安装配电箱（盘）开凿混凝土墙面或砖墙面时，要根据弹线定位的明确位置进行开凿，不可野蛮施工，防止过多地破坏墙面。

5. 固定面板的螺钉应采用镀锌螺钉，其间距不得大于 250 mm，并应均匀地布置于四角。

6. 配电箱（盘）面板较大时，应加衬铁，当宽度超过 500 mm 时，箱门应做双开门。

7. 采用铁制配电箱（盘）的进出线孔，除产品设计制造时可开凿外，要用专用的开孔机具开孔。严禁用电焊或气割的方式开孔，以免造成质量事故。

二、盘面组装配线

盘面组装包括实物排列、加工、固定元器件、电盘配线等工作内容，下面介绍盘面组装配线工艺。

1. 盘面组装配线工艺

配电箱（盘）通常由盘面和箱体两大部分组成，盘面制作以整齐、美观、安全及便于检修为原则。盘面可采用厚塑料或钢板为材料，制作时，先将板材按尺寸量好，划好切线后进行切割，切割后，再将边、棱角修饰干净。配电箱（盘）上元器件、仪表应牢固、平整、整洁。配线必须排列整齐，并绑扎成束，在活动部位应利用长螺钉加以固定。盘面引出线及进线应留有适当的余量，便于检查和维修。

盘面组装配线的操作流程及工艺要求见表 3-9。

表 3-9　　　　　　　　盘面组装配线的操作流程及工艺要求

操作流程	工艺要求
实物排列	将盘面板放平，再将全部元器件、仪表置其上，进行实物排列。对照图样及元器件、仪表的规格和数量，选择最佳位置使之符合间距要求，并保证操作维修方便及外形美观
加工	用 90° 角尺找正，划出水平线，均分孔距，然后撤去电器、仪表，进行钻孔（孔径应与绝缘嘴吻合）。若是钢板，则钻孔后要除锈，应刷防锈漆及灰油漆
固定元器件	油漆干后装上绝缘嘴，并将全部元器件、仪表摆平、找正，用螺钉固定。配电箱（盘）上元器件、仪表应牢固、平整、整洁，间距均匀，无松动，启闭灵活，零部件齐全

续表

操作流程	工艺要求
配线	根据元器件、仪表的规格、容量和位置，选好导线的截面积和长度，剪断并进行组配。盘面导线应排列整齐、绑扎成束。压头时，将导线留出适当的余量，削出线芯，逐个压牢。多股线需要用压线端子。若为立式盘，开孔后应首先固定盘面板，然后进行配线
安装地线	按要求正确安装接地线 　　配电箱（盘）带有器具的铁制盘面和装有器具的门及电器的金属外壳均应有明显可靠的 PE 线接地，PE 线不允许利用盒、箱体串接 　　接零系统中的零线应在箱体（盘面）上引入线处或末端做好重复接地线（又称 PEN 线）。重复接地的接地体与电气设施之间的距离不应小于 3 m，接地体与建筑物的距离一般不小于 1.5 m，接地电阻值应符合图样要求

元器件、仪表的排列间距要求见表 3–10。

表 3–10　　　　　　　　　　元器件、仪表的排列间距要求

间距	最小尺寸（mm）		
仪表侧面之间或侧面与盘边	60		
仪表顶面或出线孔与盘边	50		
闸具侧面之间或侧面与盘边	30		
上下出线孔之间	40（隔有卡片框）或 20（未隔卡片框）		
插入式熔断器顶面或底面与出线孔	插入式熔断器规格（A）	10～15	20
		20～30	30
		60	50
仪表、胶盖闸顶面或底面与出线孔	导线截面积（mm²）	10 及以下	80
		16～25	100

2. PE 线截面积要求

（1）PE 线所用材质与相线相同时，按热稳定要求选择截面积，当相线线芯截面积小于 16 mm² 时，PE 线最小截面积与相线线芯截面积相同；当相线线芯截面积在 16～35 mm² 时，PE 线最小截面积为 16 mm²；当相线线芯截面积大于 35 mm² 时，PE 线最小截面积应为相线线芯截面积的 1/2。

（2）PE 线若不是供电电缆或电缆外护层的组成部分时，按不同机械强度要求：有机械保护时，截面积应不小于 2.5 mm²；无机械保护时，截面积应不小于 4 mm²。

3. 盘面组装配线的要求

（1）配电箱（盘）上的母线涂有黄（U相）、绿（V相）、红（W相）3种颜色，垂直排列方式为U上、V中、W下，水平排列为U后、V中、W前，引下排列为U左、V中、W右。黑色（N）为零线，黄绿双色线为保护地线（又称为PE线），如图3-22所示。

图3-22 配电箱（盘）上的母线

（2）零母线在配电箱（盘）上应用零线端子板分支路，且排列位置应与熔断器相对应。

（3）配电箱（盘）应装短路、过载和漏电保护装置。

（4）配电箱（盘）上配线必须排列整齐，并绑扎成束，在活动部位应利用长螺钉加以固定。盘面引出及进入的导线应留有适当的余量，便于检查和维修。

（5）导线剥削处不应损伤线芯或线芯过长，导线压头应牢固可靠，多股导线不应盘圈压接，应加装压线端子。若必须穿孔，且用螺钉压接时，多股线上应搪锡后再压接，不得减少导线股数。

（6）盘面上安装的各种刀开关及断路器等，当处于断路状态时，刀开关可动部分不应带电（特殊情况除外）。

（7）垂直安装的刀开关及熔断器，其上端接电源，下端接负载；水平安装时，左侧（面对盘面）接电源，右侧接负载。

（8）配电箱（盘）上的电源指示灯，其电源应接至总开关的外侧，并应在电源侧单独装熔断器。盘面闸具位置应与支路相对应，其下面应装设卡片框，标明路别及容量。

（9）使用电流互感器时，电流互感器的二次绕组和铁芯应可靠接地，并且电流互感器二次绕组的电路中不得加装熔断器，严禁开路运行。

特别提示

1. 对盘面元器件、仪表不牢固、不平整，或间距不均、压头不牢、压头伤线芯、多股导线压头未装压线端子、开关下方未装标志框等问题，应采取以下做法：螺钉松的应拧紧，间距应按要求调整均匀，伤线芯的部分应剪掉重接，多股线应装上压线端子，标志框应补装。

2. 盘后配线排列不整齐的应按支路绑扎成束，并固定在盘内。

3. 配电箱（盘）安装时缺零部件，如合页、锁、螺钉等，应及时配齐。

4. 遇到接地导线截面积不够或保护地线截面积不够、保护地线串接等情况，应按有关规定进行纠正。

三、住宅户配电箱接线

下面以某高层住宅户照明配电箱的配线为例，配电箱配电系统详图如图 3-23 所示。

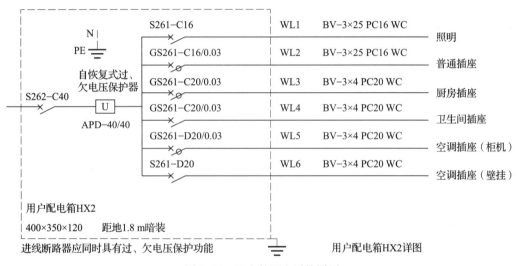

图 3-23　配电箱配电系统详图

该用户配电箱名称为 HX2，箱体宽度为 400 mm，高度为 350 mm，厚度为 120 mm，安装方式为暗装，安装高度为底边距地 1.8 m。该配电箱一路电源引入后分配为六条回路引出，所选导线型号为 BV（单芯铜芯聚氯乙烯绝缘电线），所用保护材料为刚性阻燃塑料管。

WL1 回路供电目标为照明灯具，该回路所用导线规格为 2.5 mm²，从配电箱引出到该回路第一个电器之间的导线根数为 3 根，穿管外径为 16 mm。

WL2 回路供电目标为普通插座，该回路所用导线规格为 2.5 mm²，导线根数全程都为 3 根，穿管外径为 16 mm。

WL3 ~ WL6 回路供电目标分别为厨房插座、卫生间插座、空调插座（柜机）、空调插座（壁挂），这些回路所用导线规格为 4 mm²，导线根数全程都为 3 根，穿管外径为 20 mm。

配电箱内接线如图 3-20 所示，其外围导线均采用无端子接线工艺与配电箱的接线柱连接牢固，配电箱金属外壳也要做好可靠接地。

思考与练习

1. 简述配电箱（盘）安装的操作流程。
2. 怎样用型钢固定明装配电箱（盘）？

技能训练

1. 阅读如图 3-24 所示住宅楼梯间照明配电安装图，说明主要技术数据。

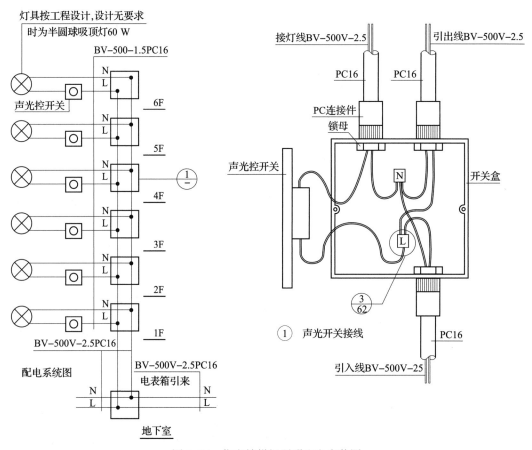

图 3-24　住宅楼梯间照明配电安装图

2. 阅读如图 3-25 所示住宅建筑单元电子对讲布置平面图和图 3-26 所示住宅建筑单元电子对讲布置立面图，说明主要技术数据。

3. 阅读如图 3-27 和图 3-28 所示落地式电源箱安装图，说明主要技术数据。

4. 阅读如图 3-29 所示用户配电箱系统图，说明主要技术数据，完成这个配电箱的组装与接线。

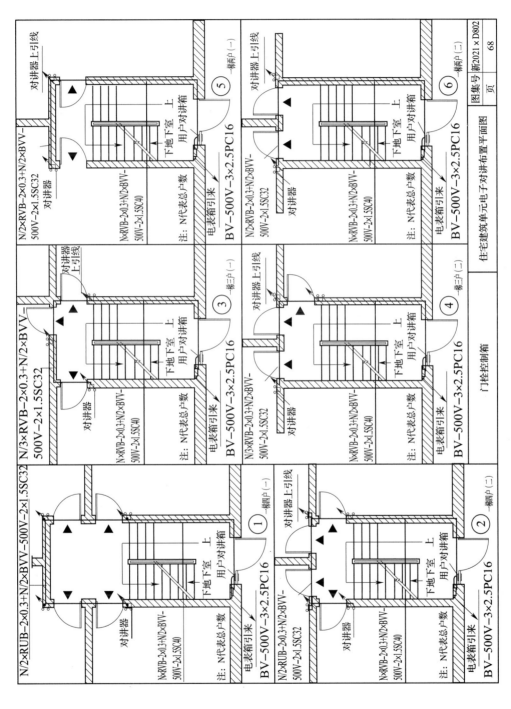

图 3-25 住宅建筑单元电子对讲布置平面图

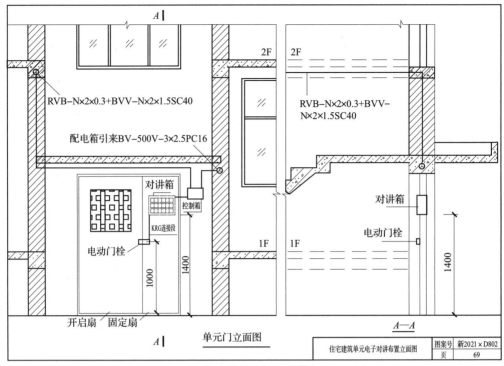

图 3-26 住宅建筑单元电子对讲布置立面图

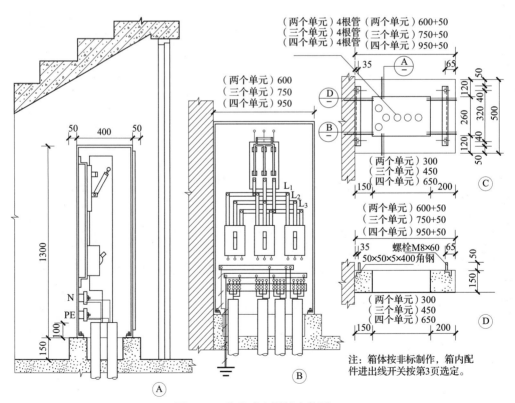

图 3-27 落地式电源箱安装图 1

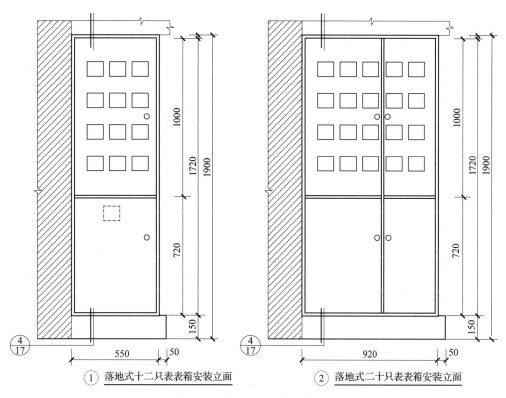

① 落地式十二只表表箱安装立面　　② 落地式二十只表表箱安装立面

图 3-28　落地式电源箱安装图 2

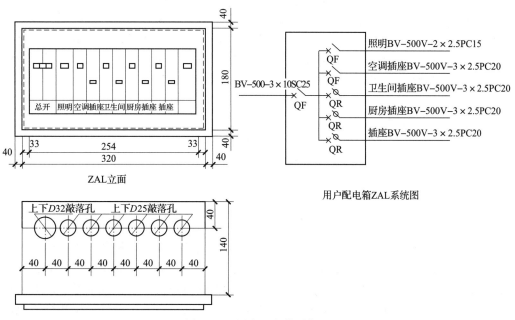

图 3-29　用户配电箱系统图

第四章

电力拖动设备安装

学习目标

1. 掌握电动机的工作原理，以及安装和维护方法
2. 了解低压电器分类，以及常见低压电器结构、性能和选用方法
3. 熟练掌握电动机点动和单向运行电路、电动机正反转运行电路、电动机丫－△降压启动电路的工作原理、线路安装方法和工艺要求，能识读电路图
4. 了解低压配电柜基础知识和低压动力配电柜安装工艺要求
5. 了解变频器及软启动器相关知识，掌握接线方法和参数调整方法
6. 了解 PLC 基本知识

电动机是将电能转化为机械能的装置。由于电力在生产、传输、分配、使用和控制等方面的优越性，电动机获得广泛应用。电动机安装是电气传动及其控制设备安装的一项重要工作。本章重点介绍电动机控制、保护和启动装置安装，单向正转点动电路、自锁电路、正反转电路、时间继电器丫－△降压启动电路安装，自制动力配电箱结构，动力配电箱（柜）安装及调试，变频器工作原理、用途，软启动器工作原理、用途，并简单介绍了可编程逻辑控制器。

第一节　低压异步电动机接线

一、电动机的工作原理

1. 电动机的分类

电动机按其供电电源种类不同，可分直流电动机和交流电动机两大类。交流电动机按其工作原理不同，可分为同步电动机和异步电动机两大类。同步电动机的转速与交流电源的频率有严格的对应关系，在运行中转速保持恒定不变；异步电动机的转速随负载的变化稍有变化。按所需交流电源相数不同，交流电动机可分为单相交流电动机和三相交流电动机两大类。

目前较常用的交流电动机有三相异步电动机和单相交流电动机两种，三相异步电动机多用在工业领域，单相交流电动机多用在民用电器领域。

2. 三相异步电动机的结构

三相异步电动机的结构分为定子和转子两大部分，定子和转子间留有很小的空气间隙。如图 4-1 所示为三相笼型异步电动机结构图。

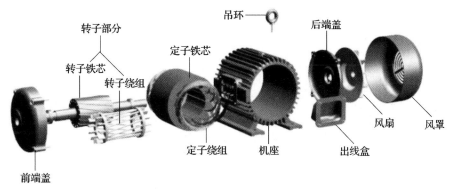

图 4-1 三相笼型异步电动机结构图

定子由机座、定子铁芯、定子绕组和前后端盖等部分组成。铁芯是电动机的磁路部分。定子铁芯一般用彼此绝缘的厚度为 0.5 mm 的环形硅钢片叠成。硅钢片呈圆筒形，整个铁芯被固定在铸铁机座内，如图 4-2 所示。定子铁芯硅钢片的内圆侧表面冲有间隔均匀的线槽。

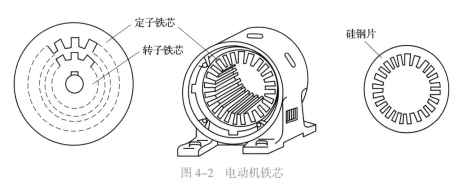

图 4-2 电动机铁芯

定子三相绕组对称嵌放在这些槽中，三组均匀分布，空间位置彼此相差 120°。首末端分别为 U1、V1、W1 和 U2、V2、W2，分别引出接到机座的接线盒上，定子绕组可分为三角形（又称为△形）联结和星形（又称为Y形）联结，如图 4-3 所示。

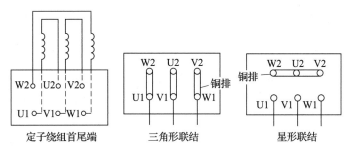

图 4-3 定子三相绕组连接方法

转子由转子铁芯、转子绕组和转轴组成。转子铁芯也是用硅钢片叠成，固定在转轴上，呈圆柱形，外圆侧表面冲有均匀分布的线槽，槽内嵌放转子绕组（见图4-4）。因为绕组形状类似鼠笼，采用这种转子的电动机又称为笼型电动机。

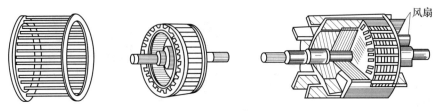

图4-4　转子绕组

3. 三相异步电动机的旋转原理

三相异步电动机要旋转起来的先决条件是具有一个旋转磁场，定子绕组就是用来产生旋转磁场的。三相交流电源相与相之间的电压在相位上相差120°，三相异步电动机定子中的三个绕组在空间方位上也互差120°，这样，当三相交流电源加到定子绕组上时，定子绕组就会产生一个旋转磁场，电流每变化一个周期，旋转磁场在空间旋转一周，即旋转磁场的旋转速度与电流的变化是同步的。

旋转磁场的转速为：

$$n=60 \times \frac{f}{p}$$

式中：f为交流电源频率，p是磁场的磁极对数，n是转速。

这个公式的物理意义就是电动机的转速与磁极数和使用电源的频率有关，为此，控制交流电动机的转速有两种方法：改变磁极对数p和改变交流电源频率f。改变磁极对数p的方法就是在电动机中嵌入多个磁极对数的绕组，这种电动机就是多级电动机，改变磁极对数的绕组接法，就能改变电动机转速，这就是变极调速技术。改变交流电源频率f的方法就是利用变频调速器（改变电源频率的装置）产生可以改变频率的电源，接入普通交流电动机，改变电动机转速，这就是变频调速技术。

变频调速技术能实现电动机的无级变速控制，变极调速技术只能实现有级变速控制，如2极电动机同步转速为3 000 r/min，4极电动机同步转速为1 500 r/min，8极电动机同步转速为750 r/min。

定子绕组旋转磁场的旋转方向与绕组中电流的相序有关。相序U、V、W顺时针排列，磁场顺时针方向旋转，若把三相电源线中的任意两相对调，如将V相电流通入W相绕组中，W相电流通入V相绕组中，则相序变为U、W、V，则磁场必然逆时针方向旋转。利用这一特性，我们可很方便地改变三相电动机的旋转方向。

定子绕组产生旋转磁场后，转子绕组（笼条）将切割旋转磁场的磁力线而产生感应电流，转子导条中的电流又与旋转磁场相互作用产生电磁力，电磁力产生的电磁转矩驱动转子沿旋转磁场方向以 n_1 的转速旋转起来。一般情况下，电动机的实际转速 n_1 低于旋转磁场的转速 n。因为如果 $n=n_1$，则转子导条与旋转磁场没有相对运动，就不会切割磁感线，也就不会产生电磁转矩，所以转子的转速 n_1 必然小于 n。为此，我们称这种三相电动机为三相异步电动机。

想一想

1. 怎样改变电动机的转速？

2. 怎样改变电动机的旋转方向？

3. 在交流异步电动机中，如果实际转速与同步转速相等，电动机会出现什么情况？

4. 单相交流电动机的旋转原理

单相交流电动机只有一个绕组，转子是鼠笼式的。当单相正弦电流通过定子绕组时，电动机就会产生一个交变磁场，这个磁场的强弱和方向随时间作正弦规律变化，但在空间方位上是固定的，所以又称这个磁场是交变脉动磁场。交变脉动磁场可分解为两个转速相同、旋转方向相反的旋转磁场，当转子静止时，这两个旋转磁场在转子中产生两个大小相等、方向相反的转矩，使得合成转矩为零，所以电动机无法旋转。当我们用外力使电动机向某一方向（如顺时针）旋转时，转子与顺时针旋转方向的旋转磁场间的切割磁感线运动变小，与逆时针旋转方向的旋转磁场间的切割磁感线运动变大。这样，平衡就打破了，转子所产生的总的电磁转矩将不再是零，转子将顺着推动方向旋转。

产生这个外力的方法是在单相交流电动机上再加一个绕组，称为启动绕组。这个绕组在定子空间上与原来的绕组（称为运行绕组）相差 90°，接入的交流电源与运行绕组的电源电流相位相差 90°。这样，转子绕组就能获得两个空间角度垂直的电磁转矩，推动转子运转。

实现启动绕组电源与运行绕组电源相差 90° 的方法，就是在启动绕组中串联一个电容器（这个电容器称为启动电容器），然后与运行绕组并联，这样采用单相电源就能使单相交流电动机旋转起来，如图 4-5 所示。

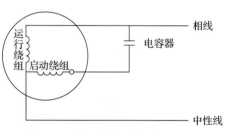

图 4-5 单相交流电动机绕组原理

想一想

分析如图 4-6 所示单相交流电动机控制电路的工作原理。该原理在哪些电气设备上能够应用？

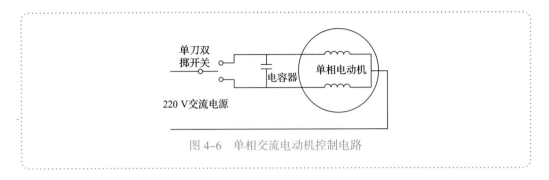

图 4-6　单相交流电动机控制电路

5. 三相交流电动机铭牌

三相交流电动机铭牌是说明交流电动机参数的标牌，如图 4-7 所示。

三相交流电动机铭牌				
型号	Y90L-4	电压	380 V	接法	Y
容量	1.5 kW	电流	3.7 A	工作方式	连续
转速	1 400 r/min	功率因数	0.79	温升	90℃
频率	50 Hz	绝缘等级	B	出厂年月	×年×月
×××电动机厂		产品编号		重量	kg

图 4-7　三相交流电动机铭牌

（1）型号。三相交流电动机的型号由以下几部分组成：

1）产品代号：Y 表示异步电动机，T 表示同步电动机，Z 表示直流电动机，TF 表示同步发电机。

2）产品规格代号：L 表示长机座，M 表示中机座，S 表示短机座。

3）电动机轴中心高度：单位是 mm。

4）电动机极对数。

铭牌型号表示：异步电动机、电动机轴中心高度是 90 mm、长机座、电动机极对数是 4 极。

（2）容量。容量是指电动机的额定功率，即满载运行时三相电动机轴上所输出的额定机械功率，用 kW 表示。铭牌容量表示：1.5 kW。

（3）转速。转速就是额定转速，表示三相电动机在额定工作情况下运行时每分钟的实际转速。铭牌转速表示：1 400 r/min。

（4）频率。频率就是额定频率，表示电动机电源的工作频率。铭牌频率表示：50 Hz。

（5）电压。电压就是电动机额定工作电压。铭牌电压表示：380 V。

（6）电流。电流就是电动机额定工作电流。铭牌电流表示：3.7 A。

（7）功率因数。功率因数就是电动机从电网所吸收的有功功率与视在功率的比值。铭牌功率因数表示：0.79。

（8）绝缘等级。绝缘等级是指三相电动机所采用的绝缘材料的耐热能力。电动机在额定工作状态下运行时，绕组允许的温度升高值（即绕组的温度比周围空气温度高出的数值）的高低取决于电动机使用的绝缘材料。绝缘等级分为 A、E、B、F、H 五级。铭牌绝缘等级表示：B 级，极限工作温度为 130 ℃。

（9）接法。接法就是定子绕组的连接方法。铭牌接法表示：丫接法。

（10）工作方式。电动机的工作方式分为连续、短时、间歇三种，是指输出额定功率的时间长短。铭牌工作方式表示：连续，即电动机连续不断地输出额定功率而温升不超过铭牌允许值。

（11）温升。温升是指电动机运行在稳定状态下，电动机温度与环境温度之差，环境温度规定为 40 ℃。铭牌温升表示：90 ℃。

 想一想

1. 丫形接法的电动机按△形接法会出现什么后果？
2. △形接法的电动机按丫形接法会出现什么后果？

二、电动机的安装与维护方法

1. 收货检验

（1）收货后，立即检验电动机有无外部损伤，检验所有的铭牌数据，尤其是电压和绕组的连接方式（丫或△）。用手旋转转轴，检验电动机空转情况，如果电动机装有锁定装置，注意将其打开。

（2）电动机初次使用之前，绕组有可能受潮，要测量其绝缘电阻值。一般中小型电动机的绝缘电阻大于 0.5 MΩ。

电动机绝缘电阻测量步骤如下：将电动机接线盒内 6 个端头的铜排拆开。把兆欧表放平，先不接线，摇动兆欧表。表针应指向"∞"处，再将表上有"L"（线路）和"E"（接地）的两接线柱用带线的试夹短接，慢慢摇动手柄，表针应指向"0"处。测量电动机三相绕组之间的电阻。将两测试夹分别接到任意两相绕组的任一端头上，平放摇表，以 120 r/min 的速度匀速摇动兆欧表一分钟后，读取表针稳定的指示值。用同样方法，依次测量每相绕组与机壳的绝缘电阻值。但应注意，表上标有"E"或"接地"的接线柱应接到机壳上无绝缘的地方。

特别提示

绝缘电阻测试完毕，必须将绕组放电，避免别人接触绕组后触电。

2. 电动机的管理
（1）储存

所有电动机都应保存在室内干燥、防震、防尘的环境中。无保护层的电动机表面（轴承端和法兰）应采取防锈措施。应定期检查电动机，用手转动转轴，防止润滑脂流失或其他问题。

（2）运输

安装有圆柱及滚针轴承和球顶针轴承的电动机，运输时需要安装缩紧装置。

3. 电动机的安装

（1）垫板

金属垫板应涂防锈漆。垫板应平稳，并且足够坚固，防止冲击负载造成的影响。选择垫板尺寸时应注意刚度，避免共振。

（2）底脚螺栓安装

拧紧电动机底脚和垫板间的螺栓并留有 1~2 mm 的缝隙。采用合适的方式调整电动机对接同心度后，再均匀拧紧螺栓。如果电动机轴承与负载刚性连接，则同心度调好后，两者的底脚都必须与底座间各安装两个定位钉，防止电动机运转时失去连接同心度，进而损坏电动机。用混凝土固定螺栓，检查电动机并钻定位销。

4. 电气连接

标准单速电动机的接线盒一般有 6 个接线螺栓和至少 1 个接地螺栓。电动机通电之前，必须按规定要求可靠接地，不能以接零代替接地。拆下接线板上所有的接线片，按丫/△启动装置接线，妥善连接到电动机六个接线柱上。双速电动机和其他特种电动机必须依照接线盒内的接线图说明进行连接。

如果电源相序 U、V、W 依次与接线柱 U1、V1、W1 连接，从电动机的驱动端观察转轴，其旋转方向为顺时针。改变任意两相就可以改变电动机的旋转方向。

特别提示

电动机不能用于加速和超载运行。正常运行时，电动机表面会发热，但不会超过极限工作温度的 60%。

---

5. 维护

定期检修电动机，保持电动机清洁，空气流通；检查轴承的密封圈，如有必要应及时更换；检查安装连接状况和安装螺钉；通过监听异常噪声、测量振动、监控用油量，检查轴承运行情况。如有异常发生，应立即停机，检查原因并及时排除。

1. 简述电动机的分类。

2. 画出定子绕组两种接法的原理图。

3. 简述三相异步电动机的旋转原理。

4. 简述电动机的安装及维护要点。

技能训练

1. 观察三相异步电动机接线盒，判断定子绕组的连接方法。

2. 测量三相异步电动机的绝缘电阻，判断电动机绝缘电阻是否合格。

3. 观察建筑电气设备中电动机的固定方式。

4. 查阅电动机说明书，说明电动机的维护项目。

5. 用钳形电流表测量一台正常运行的三相异步电动机的三相电流。

第二节 常用低压电器和电动机控制电路安装

一、低压电器

1. 低压电器的分类

低压电器按电器的动作性质不同，可分为手动电器和自动电器；按电器的性能和用途不同，可分为控制电器和保护电器；按有无触点，可分为有触点电器和无触点电器；按工作原理不同，可分为电磁式电器和非电量控制电器。

2. 电磁式电器

（1）电磁机构

电磁机构是将电磁能转换为机械能并带动触头动作的机构，由铁芯、衔铁和线圈组成，如图 4-8a 所示。当线圈通入电流时，产生磁场，经铁芯、衔铁和气隙形成回路，产生电磁力，使衔铁吸向铁芯。

用于交流电磁机构的铁芯由硅钢片叠加而成，用于直流电磁机构的铁芯由铸铁或铸钢制造。衔铁分为直线运动式和转动式两种，作用是带动触头动作。线圈分为电压线圈、电流线圈、交流线圈和直流线圈：电压线圈并联在电路中使用，匝数多、导线细；电流线圈串联在电路中使用，匝数少、导线粗；交流线圈短而粗，有骨架；直流线圈细而长，没有骨架。

（2）短路环

短路环的作用是减小衔铁吸合时产生的振动和噪声，如图 4-8b 所示。

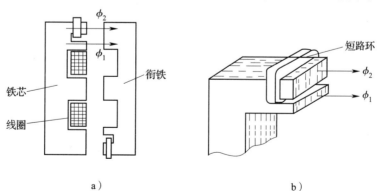

图 4-8 电磁机构及短路环

a）电磁机构 b）短路环

（3）触头系统

触头系统通过触头的开合实现控制电路的通、断。触头的类型有桥式触头和指形触头，如图4-9所示。触头一般采用铜质材料制成，小容量电器的触头常用银质材料制成。

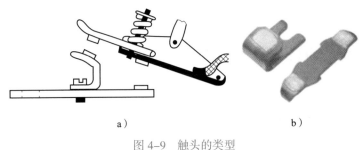

a）　　　　　　　　　　　　b）

图4-9　触头的类型

a）桥式触头　b）指形触头

（4）灭弧系统

开关电器切断电流电路时，如果触头间电压大于10 V，电流超过80 mA，触头间会产生蓝色的发光体，就是电弧。电弧具有以下危害：延长了切断故障的时间，高温引起电弧附近电气绝缘材料烧坏，形成飞弧造成电源短路事故。为了消除电弧的危害，电磁式电器一般采取吹弧、拉弧、长弧割短弧、多断口灭弧、利用介质灭弧、改善触头表面材料等措施。灭弧栅片如图4-10所示。

3. 开关电器

开关的作用是隔离电源，不频繁地通断电路。

（1）刀开关

1）开关板用刀开关（不带熔断器式刀开关）。刀开关的作用是不频繁地手动接通、断开电路和隔离电源，如图4-11所示。

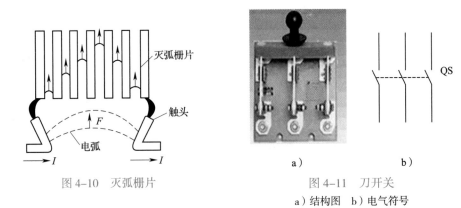

图4-10　灭弧栅片　　　　图4-11　刀开关

a）结构图　b）电气符号

以HD11-100型刀开关为例，其型号含义如下：H表示刀开关，D表示单投式，11表示中央手柄式，100表示额定电流为100 A。

想一想 ┈┈┈┈┈┈┈┈┈┈┈┈┈┈┈┈┈┈┈┈┈┈┈┈┈┈┈┈┈┈┈┈┈┈┈┈┈┈

在有用电负荷的状态下，能对刀开关进行操作吗？

2）带熔断器式刀开关。这种开关一般用作电源开关、隔离开关和应急开关，并作电路保护用，如图 4-12 所示。

3）负荷开关。负荷开关包括开启式负荷开关和封闭式负荷开关。开启式负荷开关用于不频繁带负荷操作和短路保护，由刀开关和熔断器组成，如图 4-13 所示。瓷底板上装有进线座、静触头、熔丝、出线座及刀片式动触头，工作部分用胶木外壳罩住，以防电弧灼伤人手。开启式负荷开关分为单相双极和三相三极两种。

封闭式负荷开关的作用是手动通断电路及短路保护，如图 4-14 所示。

图 4-12　带熔断器式刀开关

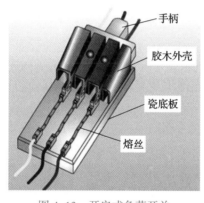

图 4-13　开启式负荷开关

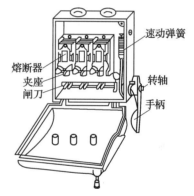

图 4-14　封闭式负荷开关

以 HH3-100/3 型封闭式负荷开关为例，其型号含义如下：HH 表示封闭式负荷开关，第一个 3 表示设计代号，100 表示额定电流为 100 A，第二个 3 表示极数为 3 极。

 想一想 ┈┈┈┈┈┈┈┈┈┈┈┈┈┈┈┈┈┈┈┈┈┈┈┈┈┈┈┈┈┈┈┈┈┈┈┈┈┈

开启式负荷开关和封闭式负荷开关有什么区别？

（2）组合开关（转换开关）

组合开关可作为电源的引入开关，用于通断小电流电路，控制 5 kW 以下电动机。静触片一端固定在胶木盒内，另一端伸出盒外，与电源或负载相连。动触片套在绝缘方杆上，绝缘转轴每次作 90° 正方向或反方向转动，带动动触头连通。组合开关具有结构紧凑、安装面积小、操作方便等特点，如图 4-15 所示。

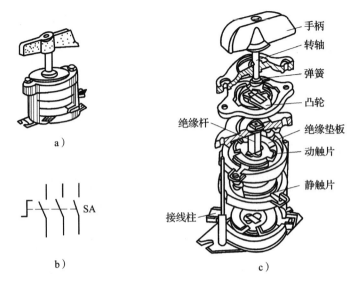

图 4-15　组合开关

a）外形　b）符号　c）结构

以 HZ10-10 型组合开关为例，其型号含义如下：HZ 表示组合开关，第一个 10 表示设计代号，第二个 10 表示额定电流为 10 A。

（3）刀开关的安装方法

刀开关安装时应做到垂直安装，闭合操作时手柄的操作方向应从下向上合，断开操作时手柄的操作方向应从上向下分，不允许采用平装或倒装，以防止产生误合闸。

接线时，电源进线应接在开关上面的进线端，用电设备应接在开关下面熔体的出线端。

刀开关用做电动机的启动开关时，应将开关熔体部分用导线直接连接，并在出线端另外加装熔断器作短路保护。安装后应检查刀开关和静插座的接触是否成直线或紧密。更换熔体必须按原规格在刀开关断开的情况下进行。

（4）封闭式负荷开关的安装方法

封闭式负荷开关必须垂直安装，安装高度一般为离地 1.5 m，并以操作方便和安全为原则。接线时，应将电源进线接在刀开关静插座的接线端子上，用电设备应接在熔断器的出线端子上，开关外壳的接地螺钉必须可靠接地。

（5）组合开关的安装方法

组合开关应安装在控制箱（或壳体）内，其操作手柄最好伸出控制箱的前面或侧面，并使手柄在垂直位置时为断开状态。组合开关外壳必须可靠接地。若需在箱内操作，组合开关最好装在箱内右上方，其上方最好不安装其他电器，否则，应采取隔离或绝缘措施。

4. 低压断路器

低压断路器用于不频繁通断电路，并能在电路过载、短路及失压时自动分断电路，具有操作安全、分断能力较强的优点，有框架式（万能式）和塑壳式（装置式）两种类型。低压断路器由触点系统、灭弧装置、脱扣机构、传动机构组成，电气符号为QF，如图 4-16 所示。

图 4-16 低压断路器

以 DZ47-63/3-63 型低压断路器为例，其型号含义如下：DZ 表示塑壳式，47 表示设计代号，第一个 63 表示壳架等级额定电流为 63 A，3 表示极数，第二个 63 表示额定电流为 63 A。

低压断路器应垂直于配电板安装，电源引线应接到上端，负荷引线应接到下端。低压断路器用作电源总开关或电动机控制开关时，在电源进线侧必须加装刀开关或熔断器等，以形成一个明显的断开点。

5. 交流接触器

交流接触器利用在电磁力作用下的吸合和反向弹簧作用下的释放，使触点闭合和分断，从而控制电路的接通和断开，主要由电磁系统、触点系统、灭弧装置及辅助部件构成，如图 4-17 所示。交流接触器有三对主触点和四对辅助触点：主触点用于接通和分断主电路，允许通过较大的电流；辅助触点用于控制电路，只允许小电流通过。触点有常开和常闭之分：当线圈通电时，所有的常闭触点首先分断，然后所有的常开触点闭合；当线圈断电时，在反向弹簧力作用下，所有触点都恢复平常状态。交流接触器的主触点均为常开触点，辅助触点有常开、常闭之分。交流接触器在分断大电流电路时，在动、静触点之间会生产较大的电弧，它不仅会烧坏触点，延长电路分断时间，严重时还会造成相间短路，所以在 20 A 以上的交流接触器上均装有陶瓷灭弧罩，迅速切断触点分断时产生的电弧。

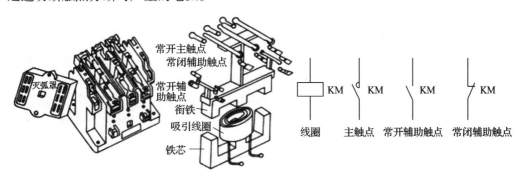

图 4-17 交流接触器

以 CJ10Z-40 型交流接触器为例，其型号含义如下：CJ 表示交流接触器，10 表示设计序号，Z 表示重任务，40 表示额定电流为 40 A。

交流接触器安装之前应进行如下检查：检查产品铭牌及线圈上的参数是否符合实际使用的要求，检查各部分是否有损伤、裂痕、松动等现象，用手分、合交流接触器的活动部分，要求产品动作灵活，无卡阻、歪扭等现象；用万用表测量各触点的工作情况；检查并调整触点的开距、压力等参数，检查各极触点的同步情况。

安装时，一般用螺钉将交流接触器固定在支架上或底板上，不能有松动，固定时应注意不能用力过猛，更不能用锤子敲击，以防损坏接触器外壳。安装时，应使接触器有孔的两面在上下位置，这样有利于散热，降低吸引线圈的温度。

对于 CJ10 系列交流接触器，均要求底面与地面垂直，倾斜度不得超过 5°。

交流接触器的触点在分断电流时产生的电弧有可能飞出灭弧室，为了安全起见，灭弧室与其他导体或电器应有足够的距离。

交流接触器接线时，应注意勿使螺钉、垫圈、接线头等零件落入交流接触器内部，以免引起卡阻和短路现象，同时，应将螺钉拧紧，以防振动松脱，导线脱出。

想一想

1. 通过交流接触器触点的电流超过触点额定电流时，会发生什么现象？
2. 交流接触器工作发出"嗡嗡"的响声时，怎样消除？

6. 继电器

继电器在控制电路中起控制、联锁、保护和调节作用，特点是触点额定电流不大于 5 A，电气符号为 KA。

（1）中间继电器

中间继电器实质上是一种电压继电器，结构和工作原理与交流接触器相同，但其触点数量较多，在电路中主要用来扩展触点的数量，且其触点的额定电流较大，如图 4-18 所示。

以 JZ7-44 型中间继电器为例，其型号含义如下：JZ 表示中间继电器，7 表示设计序号，第一个 4 表示常开触点数量，第二个 4 表示常闭触点数量。

（2）热继电器

热继电器是利用电流的热效应对电动机或其他用电设备进行过载保护的控制电器，主要用于电动机的过载保护、断相保护、电流不平衡运行的保护以及其他电气设备发热状态的控制，如图 4-19 所示。热继电器主要由热元件、动作机构、触头系统、电流整定装置、复位机构和温度补偿元件等部分组成。

使用时，将热继电器的三相热元件分别串接在电动机的三相主电路中，常闭触点串接在控制电路的接触器线圈回路中。

图 4-18　中间继电器

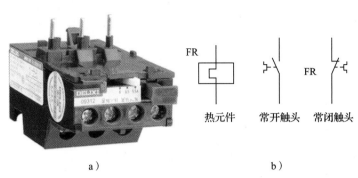

图 4-19 热继电器

a）外形 b）符号

当电动机过载时，热继电器动作，起到保护作用。热继电器可自动复位，也可采用手动方法复位。热继电器在电路中只能作过载保护，因为双金属片从升温到发生弯曲直到断开常闭触点需要一个过程，不可能在短路瞬间分断电路。

热继电器整定电流的大小通过旋转电流整定旋钮进行调节，旋钮上刻有整定电流值标尺。热继电器的整定电流是指热继电器连续工作而不动作的最大电流，流过热继电器的电流超过整定电流时，热继电器将在负载未达到其允许的过载极限之前动作。

以 JR16-60/3D40-63A 型热继电器为例，其型号含义如下：JR 表示热继电器，16 表示设计序号，60 表示额定电流为 60 A，3D 表示断相保护，40-63A 表示可调节保护范围。

热继电器的安装方向必须与产品说明书规定方向相同。当热继电器与其他发热电器一起使用时，要防止受其他电器发热的影响。安装时应正确选用导线截面，拧紧接线螺钉，触点必须接触良好，盖子应盖好。

检查热继电器元件的额定电流值或电流调整旋钮指示的刻度值是否与被保护的电动机的额定电流值相当，如有不当，要更换热继电器并重新调整，或调整旋钮的刻度使之符合要求。

动作机构应正常可靠，可用手轻轻扳动 4～5 次进行观察。复位按钮应灵活，调整件不得松动，如已松动，则应紧固并重新调整，调整时不得用力推动，以防损坏零件。

 想一想

热继电器为什么不能作为短路保护装置？

（3）时间继电器

时间继电器作为辅助元件用于各种保护及自动装置中，可使被控元件达到所需要的延时动作。常用的时间继电器主要有电磁式、电动式、空气阻尼式、晶体管式等。

晶体管时间继电器按构成原理不同，分为阻容式和数字式；按延时方式不同，分为通电延时型、断电延时型及带瞬动触点的通电延时型，如图 4-20 所示。

图 4-20　晶体管时间继电器

a）线圈一般符号　b）通电延时线圈　c）断电延时线圈　d）通电延时闭合动合（常开）触点
e）通电延时断开动断（常闭）触点　f）断电延时断开动合（常开）触点
g）断电延时闭合动断（常闭）触点　h）瞬动触点

以 JSS1-10D 型时间继电器为例，其型号含义如下：JS 表示时间继电器，S 表示数字，1 表示设计序号，10 表示延时范围，D 表示断电延时。

时间继电器必须按照说明书要求的方向安装，接线时用力不可过猛，以防螺钉打滑和损坏触点。时间继电器应预先在不通电时整定好，并在试运行时校正。时间继电器金属板上的接地螺钉必须与接地线可靠连接。

7. 熔断器

（1）作用及组成

熔断器的作用是在负载发生短路和严重过载时，迅速断开负载电路，保护熔断器之前的电路，防止电路电流过大而继续扩大故障范围。熔断器串联在负载电路的首端，有瓷插式 RC 型、螺旋式 RL 型、填料式 RT 型、填料密封式 RM 型、快速熔断器 RS 型、自恢复熔断器 RZ 型等多种类型，如图 4-21 所示。

图 4-21　熔断器

（2）熔断器安装方法

1）熔断器应完整无损，接触紧密可靠，并应有额定电压、电流值标志。

2）螺旋式熔断器的电源进线应接在底座中心端的接线端子上，用电设备应接在螺旋壳的接线端子上。

3）熔断器应装用合格的熔体，不能用多根小规格的熔体代替一根大规格的熔体。安装熔断器时，各级熔体应相互配合，下一级熔体应比上一级小。

4）熔断器应安装在各相线上，三相四线或三相三线控制的中性线上严禁安装熔断器，单相二线制的中性线上应该安装熔断器。熔断器兼用于隔离时，应安装在控制开关电源的进线端；若仅用于短路保护，应安装在控制开关的出线端。

 想一想

怎样选择电动机主电路熔断器的参数？

8. 主令电器

主令电器是发送控制命令或信号的电器，有控制按钮、万能转换开关、主令控制器、行程开关、接近开关等类型，控制按钮和行程开关如图4-22所示。

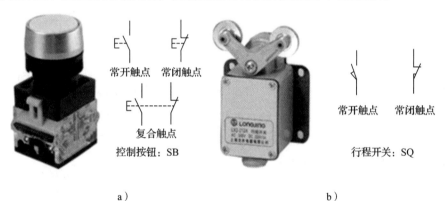

a） b）

图4-22 控制按钮和行程开关

a）控制按钮 b）行程开关

以LA2-3H型控制按钮为例，其型号含义如下：LA表示控制按钮，2表示设计序号，3H表示三钮保护式。

以LX2-221型行程开关为例，其型号含义如下：L表示主令开关，X表示行程开关，第一个2表示设计序号，第二个2表示双轮，第三个2表示滚轮装在传动杆外侧，1表示能自动复位。

万能转换开关有多组动、静触点，可以实现多组电路同时切换，以满足控制要求，如图4-23所示。

在图4-23的万能转换开关触点通断展开图中，纵向虚线表示手柄位置，图中有三个位置Ⅰ、0、Ⅱ；横向圆圈表示触点对数，图中有6对触点；纵横交叉处圆黑点为

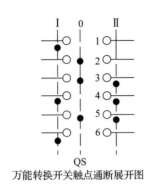

图 4-23　万能转换开关

触点号	Ⅰ	0	Ⅱ
1	×		
2		×	
3		×	×
4	×		×
5		×	×
6	×		

手柄在此位置对应的触点接通。Ⅰ位时，1、4、6触点通；0位时，2、3、5触点通；Ⅱ位时，3、4、5触点通。

　　图4-23中的表格是万能转换开关触点通断表，是表示万能转换开关触点通断状态的另一种形式，纵向表示手柄位置，表中有三个位置Ⅰ、0、Ⅱ；横向为触点对数，图中有6对；×为手柄在此位置接通的触点。Ⅰ位时，1、4、6触点通；0位时，2、3、5触点通；Ⅱ位时，3、4、5触点通。

　　以LW15-16D0723/3型万能转换开关为例，其型号含义如下：LW表示万能转换开关，15表示设计序号，16表示额定电流为16 A，D表示特征代号，0723表示操作图号，3表示系统节数。

　　控制按钮安装在面板上时，应布置整齐、排列合理，根据电动机启动的先后顺序，从上到下或从左到右排列。同一设备运动部件有几种不同工作状态时（如上、下、前、后、松、紧等），应使每一对相反状态的控制按钮安装在一组。控制按钮的触点间距较小，如果有污垢等，极易发生短路故障，应保持触点洁净。控制按钮安装应牢固，其金属外壳或安装金属板必须可靠接地。

9. 漏电保护器

　　电气设备漏电时，将呈现异常的电流或电压信号，漏电保护器通过检测、处理这个异常电流或电压信号，促使执行机构动作。根据故障电流动作的漏电保护器称为电流型漏电保护器。漏电保护器是用零序电流互感器检查出触电、漏电信号，自动切除故障电路的保护装置，安装时不改变接地方式。漏电保护器适用于中性点接地的电网系统，如图4-24所示。漏电保护器安全电流临界值为30 mA，安全电压临界值为36 V，动作时间小于0.1 s。

　　以DZL18-20/1型漏电保护器为例，其型号含义如下：DZL表示漏电断路器，18表示设计序号，20表示壳架额定电流为20 A，1表示剩余电流保护。

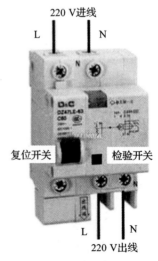

220 V进线

复位开关　　　　检验开关

220 V出线

图 4-24　漏电保护器

想一想 ......

在住宅建筑中，哪些地方需要安装漏电保护器？

二、电动机启动、控制和保护装置

1. 熟悉电气原理图

电动机控制线路是低压电器按一定的控制关系连接而成的，这种控制关系用电气原理图说明。为了能顺利地安装接线、检查调试和排除线路故障，必须认真阅读电气原理图。阅读电气原理图应注意以下几点：要看懂线路中各电气元件之间的控制关系及连接顺序；分析线路控制动作，以便确定检查线路的步骤方法；明确电气元件的数目、种类和规格；对于比较复杂的线路，还应看懂是由哪些基本环节组成的，并分析这些环节之间的逻辑关系。

2. 检验电气元件的质量

（1）检查电气元件外观是否清洁完整，外壳有无碎裂，零部件是否齐全有效，各接线端子及紧固件有无缺失、生锈等现象。

（2）检查电气元件的触点有无熔焊粘连、变形、严重氧化锈蚀等现象，触点的闭合、分断动作是否灵活，触点的开距、超程是否符合标准，接触压力弹簧是否有效。

（3）检查电气元件的点动机构和传动机构部件的动作是否灵活，有无衔铁卡阻、吸合位置不正等现象。

（4）用万用表检查所有元器件的电磁线圈的通断情况，测量它们的直流电阻值并做好记录，供检查线路和排除故障时参考。

（5）检查有延时作用的电气元件的功能，如时间继电器的延时动作、延时范围及整定机构的作用，检查热继电器的热元件和触点的动作情况。

（6）核对各电气元件的规格与图样要求是否一致。

3. 绘制布置图和接线图

在接线图中，各低压电器都要按照在安装底板（或电气控制箱、控制柜）中的实际安装位置绘出，这就是布置图。低压电器所占据的面积按它的实际尺寸依照统一的比例绘制，一个元件的所有部件应画在一起，并用虚线框起来，低压电器的电气连接关系按实际控制要求用直线连接起来，这就是接线图。

4. 安装电气元件

（1）按照布置图将电气元件摆放在确定的位置上，且在安装孔中心做好记号。元件之间的距离要适当，排列要整齐，保证连接导线横平竖直、整体美观，同时尽量减少弯折。

（2）用手电钻在做好的标记处打底孔，底孔直径略大于螺钉的直径。

（3）板上所有的安装孔均打好后，用螺钉将电气元件固定在安装底板上。

（4）如果低压电器需要固定在导轨上，应先将导轨固定在底板上，再在导轨上固定低压电器。

5. 布线接线

布线接线时，必须按照接线图规定的走线方位进行。一般从电源端按线号顺序布线、接线，先接主线路，再接控制线路。

6. 检查线路

（1）按照原理图、接线图，从电源端开始逐段核对端子号，排除漏接、错接现象。

（2）检查所有端子上接线的接触情况，用手一一摇动、拉拔端子上的接线，不允许有松脱现象。

（3）在控制电路不通电情况下，手动模拟电器的操作动作，用万用表测量电路通断情况。

7. 通电试运行

（1）先切除主电路（如断开主电路的熔断器），装好控制电路的熔断器，接通三相电源，使电路不带负载通电操作，检查控制电路是否正常工作。操作各按钮，检查它们对接触器、继电器的控制作用；检查接触器的自锁、联锁等控制作用；用绝缘棒操作行程开关，检查有无行程控制或限位控制作用等；还要观察各低压电器动作的灵活性，有无卡阻等不正常现象。

（2）控制电路经过数次空操作试验，动作无误后，即可切断电源，接通主电路，带电动机空载试运行。电动机启动前应做好应急停车准备，启动后要注意它的运行状况。如果电动机出现启动困难、发出噪声及绕组过热等异常现象，应立即停车，切断电源进行检查。

（3）有些电路的控制作用需要调整，如定时运转线路的运行和间隔时间、 $\curlyvee - \triangle$ 启动线路的转换时间等，应按照各电路的具体情况调整调试步骤。带负荷试运行正常后，可投入正常运行。

三、电动机点动和单向运行电路

1. 电动机点动运行电路

（1）工作原理

电动机的点动控制是指按下按钮电动机就能运转、松开按钮电动机就停转的控制方法。电动机点动控制原理如图 4–25 所示。

组合开关 QS 是电源的隔离开关，熔断器 FU1、FU2 是主电路、控制电路的短路保护电器，启动按钮 SB 控制接触器 KM 线圈得电（线圈获得电源）、失电（线圈失去电源），接触器 KM 的主触点控制电动机 M 的启动和停止。

组合开关 QS 合上后，按下启动按钮 SB，接触器线圈 KM 得电，接触器主触点 KM 吸合，三相交流电源 L1、L2、L3 与电动机 M 接通，电动机运行。

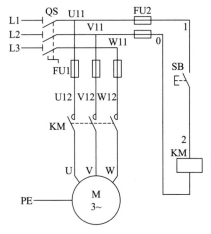

图 4–25　电动机点动控制原理

松开启动按钮 SB，接触器线圈 KM 失电，接触器主触点 KM 断开，三相交流电源 L1、L2、L3 与电动机 M 断开，电动机停止运行。

线号就是该导线的编号，处于相同节点的导线编号相同。图 4-25 中的线号有 0、1、2、L1、L2、L3、U11、V11、W11、U12、V12、W12、U、V、W 等。

 想一想

阅读电动机点动控制原理图，试分析编写线号的规律。

（2）准备材料和电气元件

电动机点动控制电路的元器件清单见表 4-1。

表 4-1　　　　　　　　　　　　电动机点动控制电路的元器件清单

代号	名称	型号	规格	数量
M	三相异步电动机	Y112M-4	4 kW、380 V	1
QS	组合开关	HZ10-25/3	三极、25 A	1
FU1	螺旋式熔断器	RL1-60/25	500 V、60 A、熔体额定电流 25 A	3
FU2	螺旋式熔断器	RL1-15/2	500 V、15 A、熔体额定电流 2 A	2
KM	交流接触器	CJ10-20	20 A、线圈电压 380 V	1
SB	控制按钮	LA10-3H	保护式、按钮数 3（代用）	1
XT	端子板	JX2-1015	10 A、15 节、380 V	1

（3）布置图和接线图

根据电动机点动控制电路原理图和选定的元器件以及安装底板的尺寸，画出布置图，如图 4-26 所示。

接线图的绘制方法如下：

1）接线图中各电气元件的图形符号及文字代号必须与原理图完全一致，并要符合国家标准。

2）各电气元件上凡是需要接线的部件端子都应画出，并且一定要标注端子编号，各接线端子的编号必须与原理图上相应的线号一致，同一根导线上连接的所有端子的编号应相同。

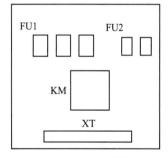

图 4-26　布置图

3）安装底板（或控制箱、控制柜）内外的电气元件之间的连线，应通过接线端子板进行连接。

4）走向相同的相邻导线可以绘成一根线，在导线分支处用线号区分。

5）绘制好的接线图应对照原理图仔细核对，防止错画、漏画，避免给安装线路和试运行过程造成麻烦。

按照这个方法绘制的电动机点动控制电路接线图如图 4-27 所示。

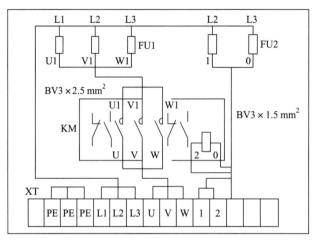

图 4-27　电动机点动控制电路接线图

想一想

　　图 4-25 和图 4-27 有什么不同？　$BV3 \times 2.5 \, mm^2$ 和 $BV3 \times 1.5 \, mm^2$ 表示什么？端子 XT 中 1、2 应该接什么元件？

　　（4）固定元件

　　1）根据布置图固定电气元件，正确利用工具熟练地安装电气元件，安装要准确紧固，低压电器要贴上醒目的文字符号。

　　2）组合开关、熔断器的受电端子应安装在控制板的外侧，并使熔断器的受电端为底座的中心端。

　　3）各元件的安装位置应整齐、均匀、间距合理，便于元件的更换。紧固各元件时要用力均匀，紧固程度适当。按接线图的走线方法进行板前明线布线和套编码套管。

　　（5）线路安装

　　1）先进行主电路的配线，再安装控制电路。同一平面导线不能交叉，布线要求横平竖直，接线紧固美观。

　　2）按钮接线要接到端子排上，要注明引出端子标号。

　　3）可靠连接电动机和各电气元件金属外壳的保护接地线。

　　4）布线通道尽可能少，同时并行导线按主电路、控制电路分类集中，单层密排，紧贴安装面板布线。在同一平面的导线应高低一致或前后一致，不能交叉。布线时严禁损伤线芯和导线绝缘。

　　5）控制电路布线顺序一般以接触器为中心，由里向外、从低到高、先主电路、后控制电路进行，以不妨碍后续布线为原则。在每根剥去绝缘层导线的两端套上编码套管。导线与接线端子或接线柱连接时，不得压绝缘层、反圈及露铜过长。

　　6）同一元件、同一电路的不同接点的导线间距离应保持一致。一个电气元件接线端子上的连接导线不得多于两根，每节接线端子板上的连接导线一般只允许接一根。

想一想

用线槽配线应当如何安装线槽盒和连接导线?

（6）检查线路

控制电路板安装完毕后，必须按电路图或接线图从电源端开始，逐段核对接线及接线端子处线号是否正确，经过认真检查后，才允许通电试运行，以防止因错接、漏接造成不能正常运转和短路事故。

（7）通电试运行

试运行前应检查与通电试运行有关的电气设备是否有不安全因素；清点工具，清除安装底板上的线头杂物，装好接触器的灭弧罩；检查各组熔断器的熔体，分断各开关，使按钮、行程开关处于未操作前的状态；检查三相电源是否对称，检查完毕后通电试运行。通电试运行时，要一人监护，一人操作。

 想一想

1. 通电试运行前为什么要清点工具?
2. 承担监护任务的人员的主要责任是什么?

2. 电动机单向运行电路

在要求电动机启动后能单向连续运转时，则采用接触器自锁控制电路。这种电路的主电路与点动控制电路的主电路相同，但在控制电路中串接一个停止按钮 SB2，在启动按钮 SB1 两端并接了接触器 KM 的一对常开辅助触点。在自锁控制电路中，按下启动按钮，电动机就开始运行，并且连续运转，按下停止按钮，电动机就停止运行，如图 4-28 所示。这种控制方法常用于需要连续工作的各种电动机控制。

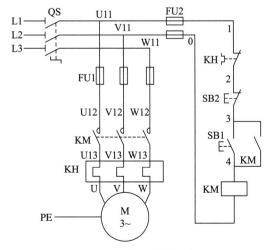

图 4-28 自锁控制电路

电路的工作原理如下：合上电源开关 QS，按下启动按钮 SB1，KM 线圈得电，KM 主触点闭合，电动机 M 启动，KM 常开辅助触点闭合自锁，电动机单向连续运转。这个电路还具有欠电压、失电压（或零电压）和过载保护作用。热继电器 KH 的热元件串接在主电路中，将 KH 的常闭触点串接在控制电路中。只有过载时，热继电器才动作。

想一想

1. 启动按钮和停止按钮表面应当采用什么颜色？
2. 当电动机单向运行电路用于电动机点动控制功能时，分析产生故障的可能原因。

特别提示

1. 接触器 KM 有失压与欠压保护。当电压降低或电压为零时，则线圈无法吸合触点，会使常开辅助触点恢复到断开状态，可使电路断开，起到保护作用，同时也对电动机起到保护作用。

2. 启动按钮 SB1 接入电路时用常开触点，停止按钮 SB2 接入电路时用常闭触点。

四、电动机正反转运行电路

设备在实际应用中，往往要求运动部件能向正反两个方向运动，这就要求电动机能实现正、反两个旋转方向的控制。当改变通入电动机定子绕组的三相电源相序，即接入电动机的三相电源进线中任意两相对调时，电动机就可以改变旋转方向。

电动机正、反转运行控制常采用双重联锁正反转控制电路，如图 4-29 所示。所谓双重联锁，就是同时采用接触器的动断辅助触点和复合按钮的动断触点，在一个电路工作时，把另一个电路"锁住"。

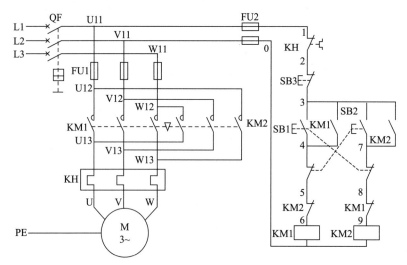

图 4-29 双重联锁正反转控制电路

1. 正转工作过程

合上断路器 QF，按下正转启动按钮 SB1，正转交流接触器 KM1 线圈得电，KM1 主触点闭合，并联在 SB1 两端的 KM1 辅助触点自锁，电动机正转运行。

联锁保护过程：正转启动按钮 SB1 按下时常开触点闭合，与此联锁串联在反转控制电路的常闭触点断开，这时按下反转启动按钮 SB2，反转交流接触器 KM2 线圈不能得电。同时，因为正转交流接触器 KM1 线圈得电，串联在反转控制电路的正转交流接触器 KM1 的常闭触点 KM1 断开。这时，即使按钮联锁失效，反转交流接触器 KM2 线圈也不能得电。

按下停止按钮 SB3，正转交流接触器 KM1 线圈失电，电动机停止运行。

2. 反转工作过程

合上断路器 QF，按下反转启动按钮 SB2，反转交流接触器 KM2 线圈得电，KM2 主触头闭合，并联在 SB2 两端的 KM2 辅助触点自锁，电动机反转运行。

联锁保护过程：反转启动按钮 SB2 按下时常开触点闭合，与此联锁串联在正转控制电路的常闭触点断开，这时按下正转启动按钮 SB1，正转交流接触器 KM1 线圈不能得电。同时，因为反转交流接触器 KM2 线圈得电，串联在正转控制电路的反转交流接触器 KM2 的常闭触点 KM2 断开。这时，即使按钮联锁失效，正转交流接触器 KM1 线圈也不能得电。

按下停止按钮 SB3，反转交流接触器 KM2 线圈失电，电动机停止运行。

 想一想

1. 正反转主电路是如何实现三相电源换相的？

2. 如果没有联锁控制电路，同时按下正转启动按钮 SB1 和反转启动按钮 SB2 会发生什么故障？

3. 按下正转启动按钮 SB1，电动机正转，这时按下反转启动按钮 SB2，电动机将怎样运行？

4. 短路保护装置 FU1 发生短路故障时，涉及正反转控制电路的原因有哪些？

5. 怎样才能知道过热继电器动作了？怎样进行复位？

电动机双重联锁正反转控制电路的布置图和接线图如图 4-30 所示。

五、电动机的 丫-△降压启动电路

有些电动机的定子绕组需要三角形接法运行，可是三角形接法的电动机启动时的电流很大，会影响电网中其他电气设备的运行。这时就需要电动机启动时按星形接法启动，启动后再转换成三角形接法运行。这种控制电路称为星-三角降压启动控制电路，简称丫-△降压启动。丫-△降压启动控制电路图如图 4-31 所示。

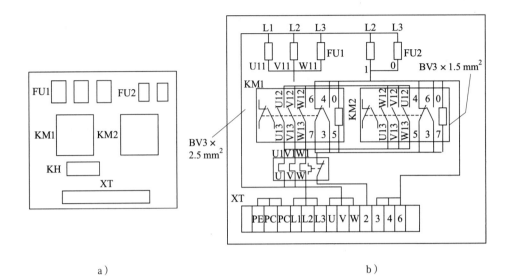

a)   b)

图 4-30　电动机双重联锁正反转控制电路的布置图和接线图

a）布置图　b）接线图

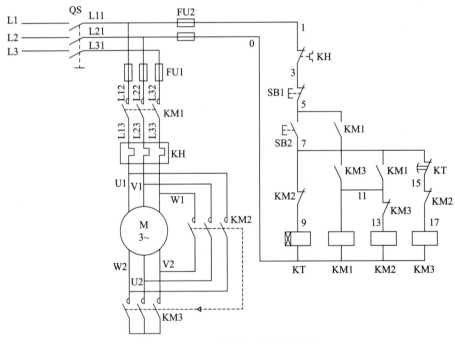

图 4-31　丫－△降压启动控制电路图

　　采用交流接触器 KM3 短路三相绕组的同名端，交流接触器 KM1 为三相绕组的另一端供电的方式称为星形接法。交流接触器 KM3 断开，通过交流接触器 KM1 和 KM2 共同作用形成三角形接法。两种接法的转换用时间继电器 KT 控制，保证电动机正常启动后正常转换。

星形启动过程：合上隔离开关 QS，按下启动按钮 SB2，交流接触器 KM3 线圈得电，主触点 KM3 吸合，串联在交流接触器 KM2 线圈电路中的常闭触点 KM3 断开，串联在交流接触器 KM1 线圈电路中的常开触点 KM3 吸合，KM1 线圈得电，主触点 KM1 吸合，电动机进入星形启动状态，交流接触器 KM1 的常开触点闭合自锁，同时时间继电器 KT 线圈得电，通电延时常闭触点 KT 闭合。

三角形运行过程：当时间继电器 KT 达到延时时间时，通电延时常闭触点 KT 断开，交流接触器 KM3 线圈失电，主触头 KM3 断开星形接法的同名端。串联在交流接触器 KM2 线圈电路中的常闭触点 KM3 闭合，交流接触器 KM2 线圈得电，主触点 KM2 吸合，串联在交流接触器 KM1 线圈电路中的常开触点 KM3 断开，由于交流接触器 KM1 的常开触点的自锁作用，交流接触器 KM1 线圈保持得电状态，主触点 KM1 与主触点 KM2 组成三角形接法，电动机进入三角形运转状态。

停止过程：按下按钮 SB1，交流接触器 KM1 和 KM2 线圈失电，主触点 KM1 和 KM2 断开，电动机停止运行。

 想一想

1. 在图 4-31 中，三个交流接触器的主触点同时吸合会出现什么后果？
2. 如果电动机带负载进行三角形启动，会发生什么后果？

特别提示

1. 用 Y – △ 降压启动的电动机必须有 6 个接线端子，注意这 6 个端子的极性。
2. 通电校验前，必须检查熔体规格及时间继电器、热继电器的整定值是否符合要求。
3. 使用时间继电器时，一定要根据具体的电动机型号选择合适的时间整定值，使得电动机平稳启动。
4. 定子绕组采用星形接法时，启动电压是采用三角形接法的 1/3，启动电流是采用三角形接法的 1/3。
5. 电动机采用 Y – △ 降压启动的转矩下降为三角形接法的 1/3，这种线路适用于轻载或空载启动的场合。另外，采用 Y – △ 接法时要注意其旋转方向的一致性。

思考与练习

1. 简述电磁式电器短路环的作用。
2. 简述刀开关的安装方法。
3. 简述熔断器的安装方法。
4. 叙述电动机点动运行电路的工作原理。
5. 根据图 4-28，将图 4-27 修改为电动机单向运行电路的接线图。

6. 简述电动机正、反转运行电路工作原理。

7. 简述电动机的 丫 – △ 降压启动电路的启动过程。

技能训练

1. 观察低压断路器的电磁机构，指出触点、线圈、衔铁和灭弧系统。

2. 装拆交流接触器，并通电检验装拆质量。

3. 查阅各类继电器说明书，对照电气符号说明各接线端子的作用。

4. 按照图 4-26 安装电动机点动控制电路的电气元件。

5. 按照图 4-27，用塑料线槽配线，在模拟板上安装电动机点动控制电路和主电路。

6. 检查电动机点动控制电路和主电路接线。

7. 根据图 4-32、表 4-2 和表 4-3，完成单台排水泵手动控制箱制作。

（1）简述电路的启动控制过程、停止控制过程、保护工作过程。

（2）说明各低压电器的作用。

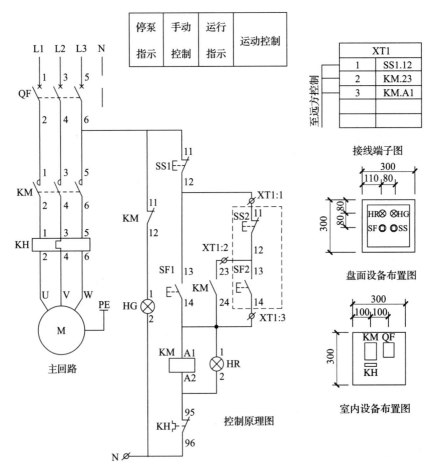

图 4-32 单台排水泵手动控制电路图

表 4-2　　　　　　　　　　　　　　　　　控制箱规格表

电动机功率（kW）	低压熔断器脱扣电流（A）	交流接触器额定电流（A）	热继电器额定电流（A）	控制箱尺寸（mm）
1.1	10	6.3	3.5	300×300×250
1.5	10	6.3	5	300×300×250
2.2	10	10	7.2	300×300×250
3	10	10	7.2	300×300×250
5.5	16	16	15	300×300×250

表 4-3　　　　　　　　　　　　　　　　　主要设备材料表

序号	符号	名称	型号及规格	单位	数量
1	QF	低压断路器	NS 系列	个	1
2	KM	交流接触器	CJ20	个	1
3	KH	热继电器	JR20	个	1
4	SS1、SS2	停止按钮	LA38-11-301	个	1
5	SF1、SF2	启动按钮	LA38-11-301	个	1
6	HR	红色信号灯	AD11-25/21	个	1
7	HG	绿色信号灯	AD11-25/21	个	1

（3）说明连接线线号连接的元件。

（4）阅读控制箱布置图。

（5）画出接线图。

（6）列出 5.5 kW 电动机控制箱材料清单。

（7）制定安装工艺。

（8）制作 5.5 kW 单台排水泵手动控制箱，并通电调试。

8. 根据图 4-33 和表 4-4，完成单台热水循环泵控制电路图识读和安装工艺编制。

（1）简述电路的启动控制过程、停止控制过程、保护工作过程。

（2）说明各低压电器的作用。

（3）说明连接线线号连接的元件。

（4）阅读控制箱布置图。

（5）画出接线图。

（6）列出 5.5 kW 电动机控制箱材料清单。

（7）制定安装工艺。

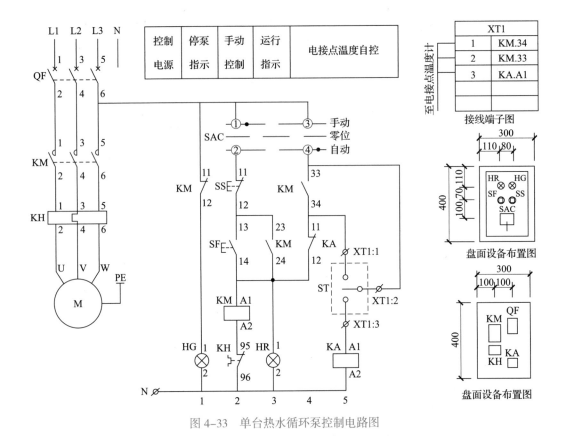

图 4-33　单台热水循环泵控制电路图

表 4-4　　　　　　　　　主要设备材料表

序号	符号	名称	型号及规格	单位	数量
1	QF	低压断路器	NS 系列	个	1
2	KM	交流接触器	CJ20	个	1
3	KH	热继电器	JR20	个	1
4	KA	中间继电器	JZ7-44，交流 220 V	个	1
5	SAC	选择开关	LW5-15D00B1/1	个	1
6	SS	停止按钮	LA38-11-301	个	1
7	SF	启动按钮	LA38-11-301	个	1
8	HR	红色信号灯	AD11-25/21	个	1
9	HG	绿色信号灯	AD11-25/21	个	1
10	ST	电接点温度计		个	1

9. 按照图 4-29 和图 4-30 的要求，列出材料清单，在模拟板上安装电动机双重联锁正反转控制电路。

10. 按照图 4-31 的要求，列出材料清单，在模拟板上安装电路，并通电试运行。

11. 阅读图 4-34 和表 4-5，说明消防泵一用一备控制电路的控制过程。

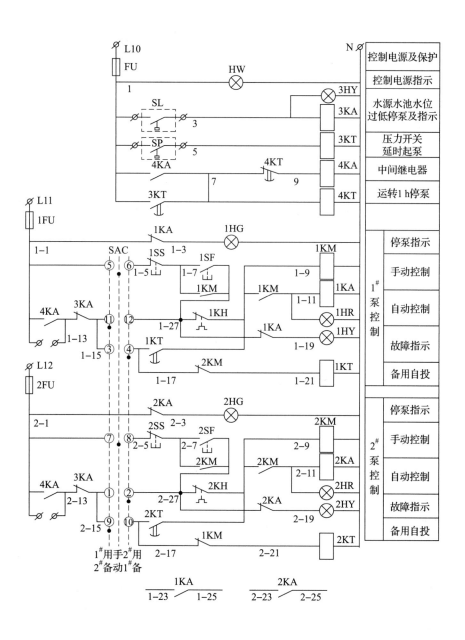

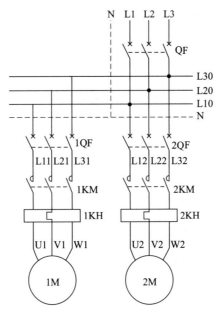

图 4-34 消防泵一用一备控制电路图

表 4-5   主要设备材料表

符号	名称	型号与规格	单位	数量
1QF、2QF	低压断路器	DZ22 或 C45N-4	个	3
1KM、2KM	交流接触器	CJ20	个	2
1KH、2KH	热继电器	JR20	个	2
1FU、2FU	熔断器	RL6-25/6	个	3
1KA、2KA、4KA	中间继电器	JZ7-44	个	3
3KA	中间继电器	JZ7-26	个	1
1KT、2KT、3KT	时间继电器	JS7-2A	个	3
4KT	时间继电器	JS7-14P-5/220	个	1
SAC	选择开关	LW5-16D724/3	个	1
1SS、2SS	停止按钮	LA38-11/209	个	2
1SF、2SF	启动按钮	LA38-11/209	个	2
HW	白色信号灯	AD11-25/41-1GZ	个	1
1HR、2HR	红色信号灯	AD11-25/41-1GZ	个	2
1HG、2HG	绿色信号灯	AD11-25/41-1GZ	个	2
1HY、2HY、3HY	黄色信号灯	AD11-25/41-1GZ	个	3
SL	液位器		个	1
SP	压力开关		个	1

第三节 低压配电柜安装及调试

一、低压配电柜基础知识

低压配电柜（又称为低压开关柜）分为动力配电柜和照明配电柜，是配电系统的末级设备，一般是指管理额定电压不超过 380 V 的电源的控制设备。按电气接线要求将开关设备、测量仪表、保护电器和辅助设备组装在封闭或半封闭金属柜中，构成低压配电柜。低压配电柜正常运行时可借助手动或自动开关接通或分断电路，故障或不正常运行时借助保护电器切断电路或报警。测量仪表可显示低压配电柜运行中的各种参数，还可对某些电气参数进行调整，当偏离正常工作状态时进行提示或发出信号。低压配电柜如图 4-35 所示。

图 4-35 低压配电柜

1. 低压配电柜的用途

低压配电柜主要用于用电管理、电能分配转换、动力设备控制、无功功率补偿、防止触电（直接和间接接触）、保护设备防止免受外界环境影响。

2. 低压配电柜的分类

按结构不同，低压配电柜分为固定式和抽出式，如图 4-36 所示。按用途不同，低压配电柜可分为配电用（如馈电柜）、控制用（如电动机控制柜）、补偿用（如无功功率补偿柜）。

3. 低压配电柜的结构

为保护人身和设备安全，将低压配电柜独立划分成几个隔室，包括母线室（包括水平母线室与垂直母线室）、功能单元室（开关隔室）、电缆出线室（电缆室）和二次设备室，如图 4-37 所示。

4. 低压配电柜的组成部分

低压配电柜的主要组成部分如图 4-38 所示。

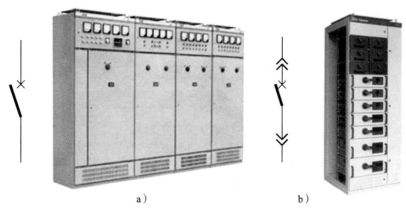

图 4-36 低压配电柜分类

a）固定式 b）抽出式

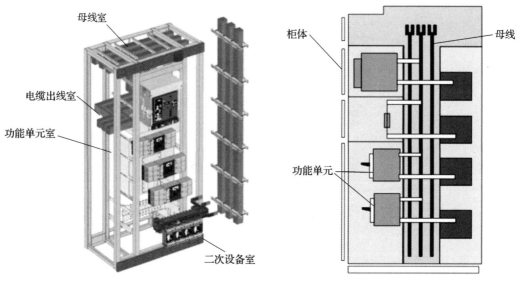

图 4-37 低压配电柜的结构   图 4-38 低压配电柜的主要组成部分

柜体：开关柜的外壳骨架及内部的安装、支撑件。

母线：一种可与几条电路分别连接的低阻抗导体。

功能单元：完成同一功能的所有电气设备和机械部件的总称。

5. 低压配电柜的主要技术参数

低压配电柜的主要技术参数有额定电流（通常同进线开关大小相同）、额定电压 / 额定绝缘电压（400/1 000 V）、进出线方式、母线分类、额定短时耐受电流、柜体内部功能区域划分（隔离方式）、外壳防护等级、安装地点及方式、外形尺寸（同用户现场面积有关）、颜色及表面处理、接地系统等。

（1）进出线方式

低压配电柜的进线方式有上进线、下进线、侧进线和后进线，如图 4-39 所示；

出线方式有前出线和后出线，如图 4-40 所示。前出线（顶部或底部）的低压配电柜可以靠墙安装、后出线（顶部或底部）的低压配电柜不可以靠墙安装。

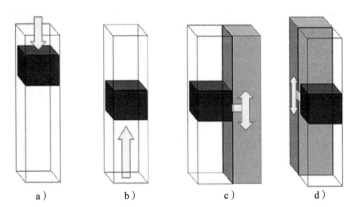

图 4-39　低压配电柜的进线方式
a）上进线　b）下进线　c）侧进线　d）后进线

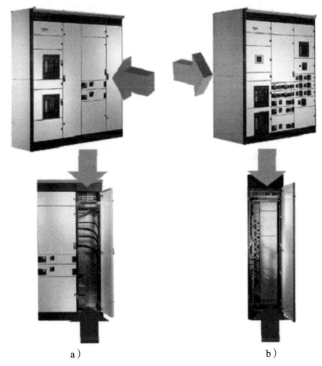

图 4-40　低压配电柜的出线方式
a）前出线　b）后出线

（2）母线分类

低压配电柜的母线分为主母线和配电母线两种，如图 4-41 所示。主母线（水平母线）是连接一条或几条配电母线或进线和出线单元的母线。配电母线（垂直母线）是框架单元内的一条母线，它连接在主母线上，向出线单元供电。

母线的基本要素有：

1）母线的额定电流及规格（母线的载流量及横截面）。

2）母线的额定短时耐受电流及额定峰值耐受电流。额定短时耐受电流是能安全承载的短时电流的有效值。额定峰值耐受电流是额定短时耐受电流的2.2倍。

3）母线的表面处理。为达到某种要求，可对母线表面进行一定的处理，如镀银、镀锡、镀镍等。

（3）安装地点及方式

低压配电柜的安装地点有室内安装和室外安装，安装方式有靠墙安装和离墙安装。

（4）颜色及表面处理

图4-41　母线

每种柜型均有自己的标准推荐颜色，表面处理有喷漆和环氧树脂静电粉末喷涂等方式。

二、低压配电柜安装

安装如图4-42所示的低压配电柜，首先进行配电柜内回路的安装布线，然后进行安装后的检查，以及电压表、电流表的校验，并准备相关的资料和文件。

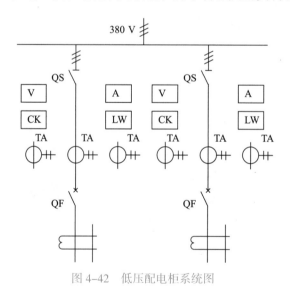

图4-42　低压配电柜系统图

 想一想

说明如图4-42所示低压配电柜系统图的工作原理，以及这个配电柜的用途。

1. 工具材料清单

工具：螺钉旋具、冲击电钻、电工用梯、圆头锤、电工刀、钢手锯、扳手、手电钻、丝锥、圆板牙、电焊机及绝缘导线等。

低压配电柜的材料清单见表4-6。

表4-6　　　　　　　　　　　　低压配电柜的材料清单

序号	符号	名称	规格型号	数量
1	FU	熔断器	RL10/10	6
2	PV	电压表	44L0-450	2
3	CK	电压转换开关	LW5-15-YH/3	2
4	A	电流表	44L-100/5	2
5	LW	电流转换开关	LW5-15-YH/3	2
6	QS	隔离开关	HDB-100/3	2
7	QF	漏电保护断路器	DZ14L-63 A	2
8	TA	电流互感器	LM8-0.5-100/5	6

2. 工艺要求

（1）根据如图4-43所示配电柜电压回路原理图，绘制如图4-44所示的电压回路接线图。

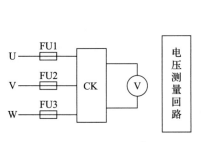

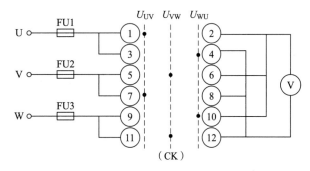

图4-43　配电柜电压回路原理图　　　　　　图4-44　电压回路接线图

（2）根据如图4-45所示配电柜电流回路原理图，绘制如图4-46所示的电流回路接线图。

（3）按如图4-44所示电压回路接线图和如图4-46所示电流回路接线图进行安装接线。

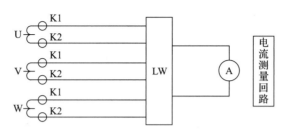

图 4-45　配电柜电流回路原理图

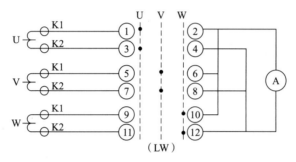

图 4-46　电流回路接线图

特别提示

　　线路安装注意事项：相序为 U（黄）、V（绿）、W（红）。柜内敷设的导线符合安装规范的要求，即同方向导线汇成一束捆扎，沿柜框布置导线；导线敷设应横平、竖直，转弯处应成圆弧过渡的直角。

　　安装电压表、电流表时注意：安装前校验；同类表的接线要一致；安装时不要剧烈振动，不要使表受潮或暴晒；不要随意拆装调试，以免影响准确度和灵敏度；安装电流互感器注意二次接线端子 K1 为正极，K2 为负极，注意铁芯和二次侧要良好接地。

　想一想

　　如果电流互感器在使用过程中二次接线开路，会出现什么故障？

　　3. 安装与检查

线路安装后，进行安装质量检查。

　　4. 调试、验收准备的资料和文件

（1）电压表、电流表的校验及联动试验。

（2）验收准备的资料和文件：变更设计部分的实际施工图、编制产品说明书、试验记录、合格证及安装图样等技术文件、电气安装施工记录、调整试验记录。

5. 检验标准

配电柜内所装电气元件应完好，安装位置应正确、固定牢固；所有接线应正确，连接可靠，标志齐全、清晰；安装质量符合验收标准；联动试验符合设计要求。

特别提示

低压配电柜内有功、无功电能表的安装注意事项：电能表中心线与地面应垂直，不垂直度应小于等于 ±3°；两接线端子间的导线不能有接头；配线要排列整齐、绑扎成束，布线横平竖直，转角处应为直角；导线穿过盘柜金属盘面时，应安装绝缘护圈；电能表应按设计图样接线，无设计图样时按表盖所示的接线图接线。

思考与练习

1. 简述低压配电柜的主要组成。
2. 简述动力配电柜的用途及结构。
3. 简述低压配电柜母线的基本要素。

技能训练

按表 4-7 中的材料，安装如图 4-47 至图 4-51 所示的低压计量柜。

表 4-7　　　　　　　　　　　低压计量柜材料清单

序号	符号	名称	规格型号	数量
1	FU	熔断器	R110A	3
2	PV	电压表	44L0-450	3
3	PA	电流表	44L-200/5	2
4	KWH	有功电能表	DT18	1
5	KVARH	无功电能表	DX62	1
6	QS	隔离开关	HDB-200/3	2
7	QF	漏电保护断路器	DZ15L-200/3	2
8	TA	电流互感器	LM8-0.5-200/5	6

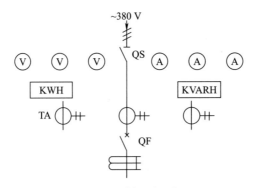

图 4-47　低压计量柜

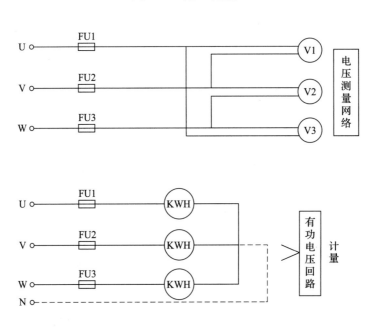

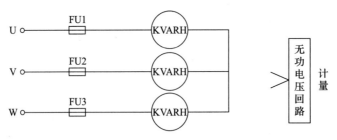

图 4-48　低压计量柜电压回路原理图

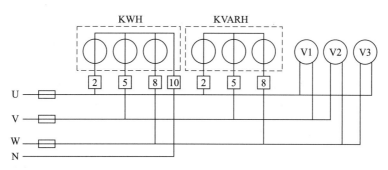

图 4-49　低压计量柜电压回路接线图

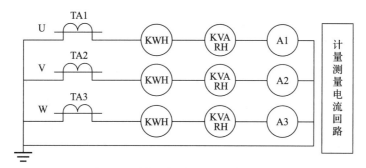

图 4-50　低压计量柜电流回路原理图

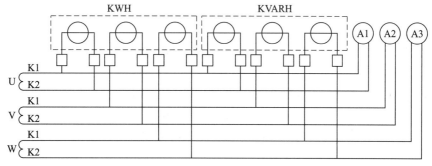

图 4-51　低压计量柜电流回路接线图

第四节　变频器和软启动器安装

一、变频器

1. 变频器工作原理、用途

变频器是利用电力半导体器件的通断作用将工频电源变换为另一频率的电能控制装置，能实现对交流异步电动机的软启动、变频调速、过流、过压、过载保护等功能，并可以提高运转精度、改变功率因数。

变频器节能主要表现在风机、水泵的应用上。为了保证生产的可靠性，各种生产机械在设计配用动力驱动时，都留有一定的余量。当电动机不能在满负荷下运行时，多余的力矩增加了有功功率的消耗，造成电能的浪费。风机、水泵等设备传统的调速方法是通过调节入口或出口的挡板、阀门开度来调节给风量和给水量，其输入功率大，且大量的能源消耗在挡板、阀门的截流过程中。当使用变频调速时，如果流量要求减小，通过降低泵或风机的转速即可满足要求。

变频器主要由主电路（包括整流器、中间直流环节、逆变器）和控制电路组成。整流器是将交流电变换成直流电的装置，其输入电压为正弦波，输入电流为非正弦波，带有丰富的谐波。中间直流环节是指中间直流储能环节，在它和电动机之间进行无功功率的交换。逆变器是将直流电转换成交流电的装置，其输出电压为非正弦波，输出电流近似正弦波。控制电路常由运算电路、检测电路、控制信号输入/输出电路和驱动电路组成，主要任务是完成对逆变器的开关控制、对整流器的电压控制以及各种保护功能等，可以采用模拟控制或数字控制。目前，许多变频器已经通过计算机进行全数字控制，采用尽可能简单的硬件电路，靠软件完成各种功能。

变频器通过改变电源的频率达到改变电源电压的目的，根据电动机的实际需要提供电源电压，进而达到节能、调速的目的。

通用变频器能与普通的交流电动机配套使用，可适应各种不同性质的负载并具有多种可供选择的功能。高性能专用变频器常用于控制要求较高的系统（电梯等），大多采用矢量控制方式。

2. 变频器的选择

考虑运行的经济性和安全性，变频器选型保留适当的余量是必要的。要正确选型，必须把握以下几个原则：

（1）充分了解控制对象性能要求，例如，对启动转矩、调速精度、调速范围要求较高的场合应考虑选用矢量变频器，否则选用通用变频器即可。

（2）了解所用电动机的额定电压、额定电流，确定负载可能出现的最大电流，以此电流作为待选变频器的额定电流。

变频器的应用范围见表4-8。

表4-8 变频器的应用范围

使用通用变频器的设备	使用矢量变频器的设备
绝大多数纺织设备	纺织领域有张力控制需求的设备
冶金辅助风机水泵、辊道、高炉卷扬机	冶金各种主轧线、飞剪
石化用风机、泵、空压机	—
电梯门机、起重行走设备	电梯、起重提升设备
供水设备	—
油田用风机、水泵、抽油机、空压机	—
电厂风机水泵、传送带	—

续表

使用通用变频器的设备	使用矢量变频器的设备
市政锅炉、污水处理设备	—
水泥、陶瓷、玻璃生产线全线设备	—
矿山风机、泵、传送带	矿山提升机
部分拉丝机的牵引设备	拉丝机的收放卷设备
低速造纸及配套风机水泵、制浆设备	高速造纸机、切纸机、复卷机

3. 变频器的结构和安装方法

以三菱 FR-E540 系列变频器为例，介绍变频器的结构和安装方法。变频器的外观结构如图 4-52 所示。安装变频器时，周围要留有空间，如图 4-53 所示。

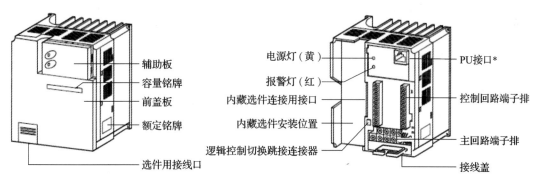

图 4-52　变频器的外观结构

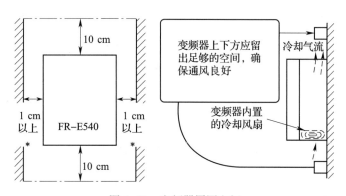

图 4-53　变频器周围空间

变频器的接线如图 4-54 所示。主电路接线如图 4-55 所示，L1、L2、L3 接工频电源，U、V、W 接三相交流电动机，接地符号处为接地线。控制电路接线如图 4-56 所示，控制电路接线端子见表 4-9。

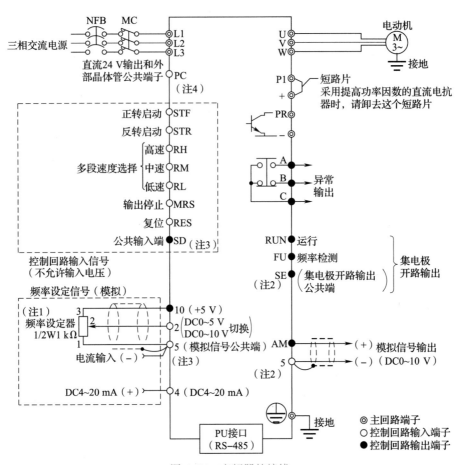

图 4-54 变频器的接线

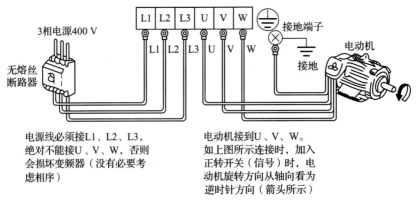

图 4-55 主电路接线

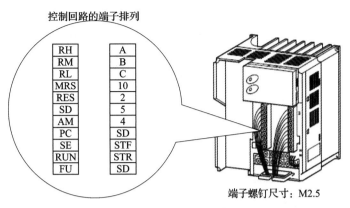

控制回路的端子排列

端子螺钉尺寸：M2.5

图 4-56　控制电路接线

表 4-9　　　　　　　　　　　　　　　　控制电路接线端子

端子类型	符号	端子名称	说明
输入信号	STF	正转启动	闭合电动机正转
	STR	反转启动	闭合电动机反转
	RH、RM、RL	多段速度选择	选择多段速度
	MRS	输出停止	闭合电动机停止运行
	RES	复位	闭合 0.1 s 以上再断开，解除保护
	SD	公共端	控制电源公共端
	PC	控制用直流电源正极	直流 24 V，0.1 A 电源输出
模拟输入	10	频率设定电源	直流 5 V，0.01 A
	2	电压设定频率	0～5 V 电压对应工作频率
	4	电流设定频率	4～20 mA 电流对应工作频率
	5	公共端	频率设定公共端
输出信号	A、B、C	异常输出	保护输出：A、C 常开，B、C 常闭
	RUN	正常运行	低电平为正常运行
	FU	频率检测	低电平为达到工作频率
	SE	公共端	RUN、FU 的公共端
模拟输出	AM	模拟信号输出	输出频率或电压表示为：0～10 V

变频器可以通过控制交流接触器控制电源的输入，如图 4-57 所示。如果在变频器和电动机之间采用交流接触器控制，变频器运行中不能由切断状态变为导通状态，以免冲击电流损坏变频器。

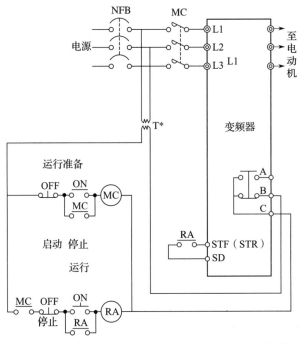

图4-57 变频器可以通过控制交流接触器控制电源的输入

4. 变频器的操作方法

变频器操作面板如图4-58所示，按键功能见表4-10，运行状态显示功能见表4-11。

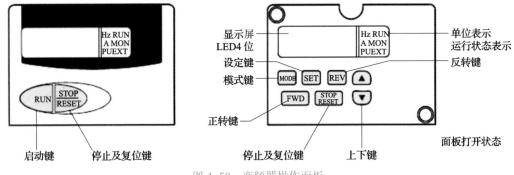

图4-58 变频器操作面板

表4-10 按键功能

按键	说明
启动键	正转运行指令键
模式键	用于选择操作模式
设定键	用于确定频率和参数
上下键	数字增减

续表

按键	说明
正转键	正转指令
反转键	反转指令
停止及复位键	停止运行或保护状态解除

表 4–11 运行状态显示功能

显示内容	说明
Hz	显示频率
A	显示电流
RUN	灯亮为正转，灯灭为反转
MON	灯亮为监视模式
PU	灯亮为 RS485 通信
EXT	灯亮为外部操作模式

变频器在监视模式时，按设定键改变显示模式及工作状态，如图 4–59 所示。

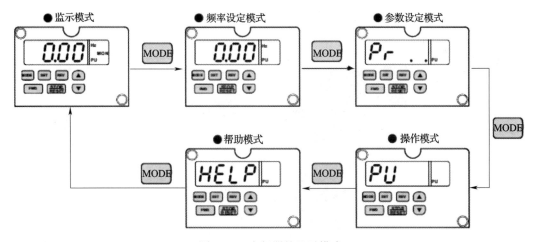

图 4–59 变频器的显示模式

在频率设定模式下，按启动键（正转键或反转键）设定运行频率，如图 4–60 所示。

二、软启动器

1. 软启动器的作用

工程中最常用的动力设备是三相异步电动机，由于其启动特性，这些电动机直接连接供电系统（硬启动）时，将会产生高达电动机额定电流 5 ~ 7 倍的浪涌（冲击）电

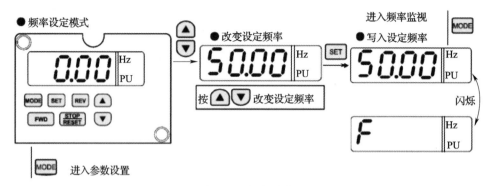

图 4-60　频率设定

流，使得供电系统和串联的开关设备过载。而且，直接启动也会产生较高的峰值转矩，不但会对驱动电动机产生冲击，而且也会使机械装置受损，还会影响接在同一电网上的其他电气设备正常工作。

交流电动机启动性能主要通过启动电流倍数和启动转矩倍数两个指标体现，软启动器的作用就是在启动过程中改变加在电动机上的电源电压，以减小启动电流、启动转矩。

软启动器的限流特性可有效限制浪涌电流，避免不必要的冲击力矩以及对配电网络的电流冲击，有效地减少线路刀闸和接触器的误触发动作。对频繁启停的电动机，软启动器可有效控制电动机的温升，大大延长电动机的寿命。目前，工程中应用较为广泛的软启动器是晶闸管（SCR）软启动器。软启动器如图 4-61 所示。

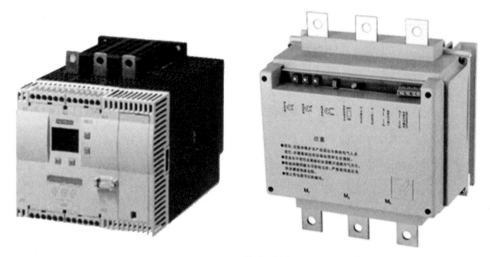

图 4-61　软启动器

2. 软启动器的工作原理

在三相电源与电动机间串入三相反并联晶闸管，利用晶闸管移相控制原理，改变晶闸管的触发角，启动时电动机端电压随晶闸管的导通角从零逐渐上升，就可调节晶闸管调压电路的输出电压逐渐增大，电动机转速逐渐增大，直至达到满足启动转矩的要求而结束启动过程。软启动器的输出是一个平滑的升压过程（且具有限流功能），直到晶闸管全导通，电动机在额定电压下工作。启动完成后，旁路接触器接通，电动机进入运行状态。停车时，先切断旁路接触器，然后软启动器内晶闸管导通角由大逐渐减小，软启动器输出电压逐渐减小，电动机转速逐渐减小到零，停车过程完成。软启动器控制原理如图 4-62 所示。

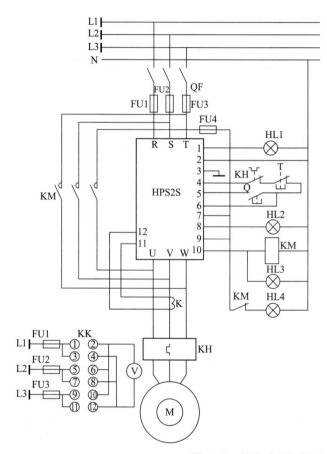

代号	名称	型号
QF	断路器	NM1-□S/3300
FU1~FU4	熔断器	RT16
KM	接触器	CJ20-□
HPS2S	软启动器	HPS2S
KH	热继电器	JR36-□
K	互感器	LMK-0.66
Q、T	按钮	SAY7-22
HL1~HL4	信号灯	AD16-SS
KK	转换开关	LM5-16YB3/3
V	电压表	6LZ-V

电源指示
停止控制
启动控制
故障指示
旁路运行
运行指示
停止指示

图 4-62　软启动器控制原理

 想一想

1. 简述图 4-62 所示软启动器的工作过程。
2. 变频器可以代替软启动器吗？

3. 软启动器的选用

目前，市场上常见的软启动器有旁路型、无旁路型、节能型等，可根据负载性质选择不同类型的软启动器。

旁路型：在电动机达到额定转数时，用旁路接触器取代已完成任务的软启动器，降低晶闸管的热损耗，提高其工作效率。一台软启动器可以启动多台电动机。

无旁路型：晶闸管处于全导通状态，电动机工作于全压方式，忽略电压谐波分量，经常用于短时重复工作的电动机。

节能型：当电动机负荷较小时，软启动器自动降低施加于电动机定子上的电压，减少电动机电流励磁分量，提高电动机功率因数。

4. 软启动器的启动方式

（1）斜坡恒流软启动

这种启动方式是在电动机启动的初始阶段逐渐增加启动电流，当电流达到预先设定的值后保持恒定，直至启动完毕。启动过程中，电流上升变化的速率可以根据电动机负载调整设定。电流上升速率大，则启动转矩大，启动时间短。该启动方式是应用最多的启动方式，尤其适用于风机、水泵类负载的启动。

（2）阶跃启动

开机后即以最短时间使启动电流迅速达到设定值，即为阶跃启动。通过调节启动电流设定值，该方式可以达到快速启动效果。

想一想

　　软启动器启动方式与传统星—三角降压启动方式相比，有什么不同？

5. 软启动器的保护功能

（1）过载保护

软启动器引进了电流控制环，可随时跟踪检测电动机电流的变化状况，通过增加过载电流的设定和反时限控制模式，实现了过载保护功能，使电动机过载时，关断晶闸管并发出报警信号。

（2）缺相保护

工作时，软启动器随时检测三相线电流的变化，一旦发生缺相情况，即可进行缺相保护。

（3）过热保护

通过软启动器内部热继电器检测晶闸管散热器的温度，散热器温度超过允许值后自动关断晶闸管，并发出报警信号。

6. 软启动器使用方法

下边以 PST 系列软启动器为例，说明软启动器的使用方法。

PST 系列软启动器用于三相异步电动机的软启动和软停止，具有先进的电动机保护功能，可以通过端子输入、键盘、现场总线控制软启动器。PST 系列软启动器外观结构如图 4-63 所示。

（1）主电路接线

主电路电源端接线端子为 1L1、3L2、5L3，电动机端接线端子为 2T1、4T2、6T3，如图 4-64 所示。外置旁路接触器接线端子为 B1、B2、B3。

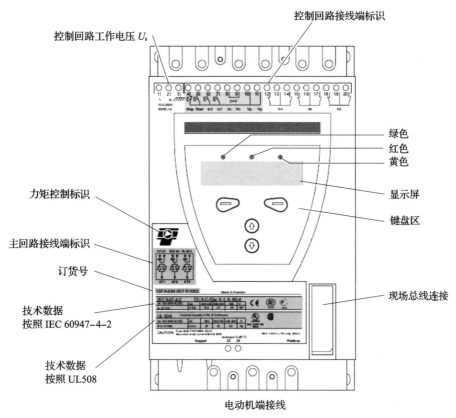

控制回路接线端标识

控制回路工作电压 U_s

绿色
红色
黄色

显示屏

键盘区

力矩控制标识

主回路接线端标识

订货号

技术数据
按照 IEC 60947-4-2

现场总线连接

技术数据
按照 UL508

电动机端接线

图 4-63 PST 系列软启动器外观结构

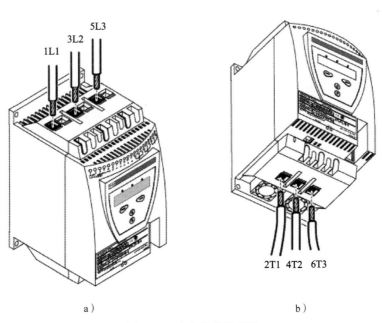

1L1
3L2
5L3

2T1 4T2 6T3

a ）

b ）

图 4-64 主电路接线端子
a ）电源端 b ）电动机端

（2）控制电路接线

控制电路电源接线端子为1和2，如图4-65所示。启动和停止端子为4、5、8、9、10、11，如图4-66所示。

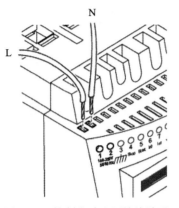

图4-65　控制电路电源接线端子　　　　　图4-66　启动和停止端子

软启动器有一个内置自锁电路，不需要外加电源，用内置辅助中间继电器也可以实现启动和停止，如图4-67所示。

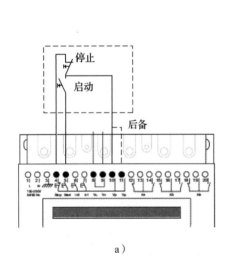

a）

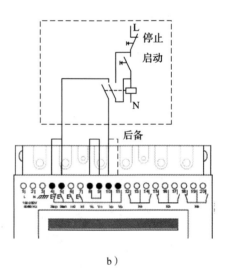

b）

图4-67　内置自锁电路和常规电路

a）内置自锁电路　b）常规电路

采用外接电源的自锁电路和常规电路如图4-68所示。

（3）人机界面

人机界面有LED状态指示灯、LCD显示屏、选择键和菜单操作键，如图4-69所示。

LED状态指示灯：绿色表示电源接通，红色表示有故障，黄色表示有保护功能生效，结合LCD显示屏内容判断保护内容。

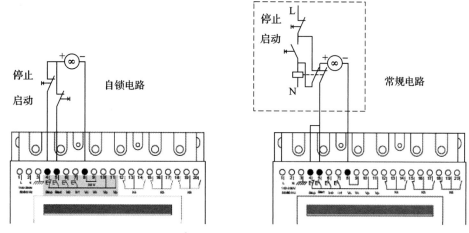

图 4-68　采用外接电源的自锁电路和常规电路

　　LCD 显示屏：第一行显示状态信息，第二行显示当前选择键的功能，翻页箭头显示当前状态下可以修改的参数和设定值，如图 4-70 所示。

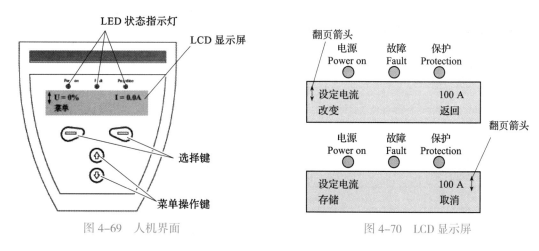

图 4-69　人机界面　　　　　　　　　　　图 4-70　LCD 显示屏

　　利用软启动器改变电动机额定电流的步骤见表 4-12。

表 4-12　　　　　　　　　利用软启动器改变电动机额定电流的步骤

图示	说明
↕ U=0%　　　　　　　I=0.0 A 菜单	软启动器"菜单"
↕ 设置 选择　　　　　　　　返回	按"左选择键"进入菜单

图示	说明
↕ 应用设置 选择　　　　　返回	按"左选择键"选择"应用设置"
↕ 功能设置 选择　　　　　返回	按"下操作键"进入"功能设置"
↕ 启动/停止 选择　　　　　返回	按"左选择键"选择"功能设置",再按"左选择键"选择"启动/停止"
↕ 设定电流　　　100 A 选择　　　　　返回	按"左选择键"进入"设定电流"
设定电流　　　100 A ↕ 存储　　　　　取消	显示"设定电流"
↕ 设定电流　　　99.5 A 改变　　　　　返回	用"操作键"设置额定电流,再按"左选择键"选择"存储",保存设定值。连续按四次"右选择键"返回主菜单

思考与练习

1. 简述变频器的用途。
2. 简述变频器的选择原则。
3. 简述软启动器的启动方式。
4. 简述软启动器的保护功能。

技能训练

1. 安装变频器和电动机电路,控制电动机调速运行,记录不同频率及电压的对应关系,寻找控制规律。

2. 如果改变交流电动机的电压,不改变工作频率,电动机会出现什么情况?

3. 阅读图4-71,说明变频给水控制器的工作过程。

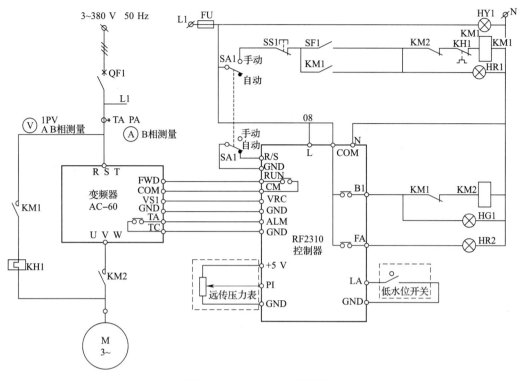

图 4-71　变频给水控制器原理

4. 阅读图 4-72，画出软启动器控制电动机的电气原理图和接线图，列出材料清单，编制安装工艺，在模拟板上安装调试。

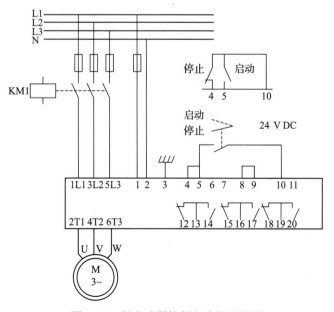

图 4-72　软启动器控制电动机示意图

PLC 是可编程逻辑控制器（Programmable Logic Controller）的英文缩写，基础是微处理器，是一种用于自动化控制的数字运算控制器，可以将控制指令随时载入内存进行储存并执行。PLC 具有体积小、功能强、可靠性高、程序设计简单、灵活通用等一系列优点，而且具有较强的适应恶劣工业环境的能力，是实现工业生产自动化的支柱产品之一。

一、PLC 的应用领域

PLC 的应用非常广泛，其应用情况大致可归纳为以下几类：

1. 开关量逻辑控制

这是 PLC 最基本、最广泛的应用领域，取代传统的继电器－接触器控制系统，实现逻辑控制、顺序控制，既可用于单台设备的控制，又可用于多机群控及自动化流水线，如注塑机、印刷机、装订机、组合机床、磨床、包装生产线、电镀流水线等。

2. 模拟量控制

PLC 利用 PID（Proportional Integral Derivative）算法可实现闭环控制功能，例如对温度、速度、压力及流量等过程量的控制。

3. 运动控制

PLC 可以用于圆周运动或直线运动的定位控制。近年来，许多 PLC 厂商在自己的产品中增加了脉冲输出功能，配合原有的高速计数器功能，使 PLC 的定位控制能力大大增强。此外，许多 PLC 具有位置控制模块，可驱动步进电动机或伺服电动机的单轴或多轴位置控制模块，使 PLC 广泛地用于机械、机床、机器人、电梯等领域。

4. 数据处理

PLC 具有数学运算、数据传送、数据转换、排序、查表、位操作等功能，可以完成数据采集、分析及处理。这些数据除可以与存储在存储器中的参考值比较，完成一定的控制操作外，也可以利用通信功能传送到别的智能装置，或将它们打印制表。数据处理一般用于大型控制系统，如无人控制的柔性制造系统；也可用于过程控制系统，如造纸、冶金、食品工业中的一些大型控制系统。

5. 通信及联网

PLC 通信包括 PLC 间的通信及 PLC 与其他智能设备之间的通信。随着计算机控制的发展，工厂自动化网络发展得很快，各 PLC 厂商都十分重视 PLC 的通信功能，纷纷推出各自的网络系统。新近生产的 PLC 无论是网络接入能力还是通信技术指标都得到了很大提升，这使 PLC 在远程及大型控制系统中的应用能力大大增强。

二、PLC 的软硬件系统

PLC 由硬件和软件两大部分组成，与微型计算机基本相同。

1. PLC 的硬件系统

PLC 的硬件系统（有形实体）如图 4-73 所示，有中央处理器（CPU）、存储器（RAM、ROM）、输入单元、输出单元、电源、I/O 扩展口和编程器等几个部分。

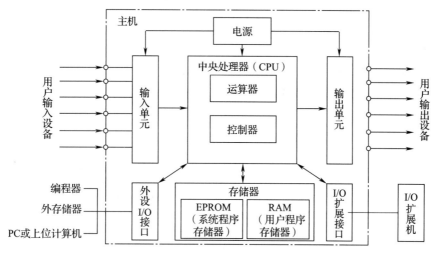

图 4-73　PLC 的硬件系统

PLC 的硬件系统由主机、I/O 扩展机（单元）及外部设备组成。主机及 I/O 扩展机采用微机的结构形式，其内部由运算器、控制器、存储器、输入单元、输出单元以及接口等部分组成。运算器和控制器集成在一片或几片大规模集成电路中，称为中央处理器（CPU）。存储器主要有系统程序存储器（EPROM）和用户程序存储器（RAM）。

主机内各部分之间均通过总线连接。总线有电源总线、控制总线、地址总线和数据总线。

输入单元和输出单元是 PLC 与外部输入信号、被控设备连接的转换电路，通过外部接线端子可直接与现场设备相连，如图 4-74 所示。例如，将按钮、行程开关、继电器触点、传感器等接至输入端子，通过输入单元把它们的输入信号转换成中央处理器能接受和处理的数字信号，并把这些信号转换成被控设备或显示设备能够接受的电压或电流信号，再通过输出模块控制外部现场的执行机构，如接触器线圈、电磁阀、信号灯、电动机等执行装置。

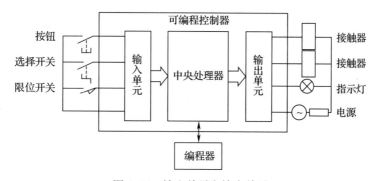

图 4-74　输入单元和输出单元

编程器是 PLC 重要的外部设备，一般 PLC 都配有专用的编程器。通过编程器可以输入程序，并可以对用户程序进行检查、修改、调试和监视，还可以调用和显示 PLC 的一些状态和系统参数。随着信息技术的发展，现在编程器一般用于现场调试，而编程工作则通过软件进行。

2. PLC 的软件系统

软件是指 PLC 使用的各种程序，包括系统软件和应用软件。

系统软件主要包括系统管理、监控和编译程序，出厂前已固化在 EPROM 里，用户不能修改。PLC 系统的性能不同，软件会有所不同。

应用软件又称为用户程序，通过编程器或计算机输入到 PLC 的 RAM 中，并可以修改和删除。

三、PLC 控制系统与继电器 – 接触器控制系统的比较

PLC 控制系统与继电器 – 接触器控制系统相比，它们的不同点主要表现在以下几个方面。

1. 组成的器件不同

继电器 – 接触器控制系统是由许多硬件继电器和接触器组成的，而 PLC 则是由许多"软继电器"组成的。传统的继电器 – 接触器控制系统使用了大量的机械触点，系统可靠性大大降低，一旦触点接触不良，将会影响系统的正常运行。PLC 采用无机械触点的逻辑运算微电子技术，复杂的控制由 PLC 内部运算器完成，故寿命长，可靠性高。

2. 触点的数量不同

继电器和接触器的触点数较少，一般只有 4 ~ 8 对，而 PLC 内部的"软继电器"可供编程的触点数是无限的。

3. 控制方式不同

继电器 – 接触器控制系统的运行是通过元件之间的硬件接线实现的，而 PLC 控制系统是通过软件编程实现控制功能的，即它通过输入端子接收外部输入信号，接内部输入继电器，输出继电器的触点接到 PLC 的输出端子上，由事先编好的程序（梯形图）驱动，通过输出继电器触点的通断，实现对负载的功能控制。

4. 工作方式不同

在继电器 – 接触器控制系统中，当电源接通时，线路中各继电器都处于受制约状态。在 PLC 中，各"软继电器"都处于周期性循环扫描接通过程中，每个"软继电器"受制约接通的时间是短暂的。

四、PLC 编程基础

国际电工委员会（IEC）1994 年 5 月在 PLC 标准中推荐的常用语言有梯形图（Ladder Diagram）、指令表（Instruction List）、顺序功能图（Sequential Function Chart）、功能区块图（Function Block Diagram）等。

1. 编程元件

不同厂家、不同系列的 PLC，其内部编程元件的功能和编号各不相同，此处以三

菱品牌 FX$_{2N}$ 型号 PLC 为例进行介绍。

（1）输入继电器（X）

输入继电器与输入端相连，它是专门用来接受 PLC 外部开关信号的元件。PLC 通过输入接口，将外部输入信号状态（接通时为"1"，断开时为"0"）读入并存储在输入映像寄存器中。

输入继电器必须由外部信号驱动，不能由程序驱动，所以在程序中不可能出现其线圈。

（2）输出继电器（Y）

输出继电器是用来将 PLC 内部信号输出传送给外部负载（用户输出设备）的元件。输出继电器线圈由 PLC 内部程序的指令驱动，其线圈状态传送给输出单元，再由输出单元对应的硬触点驱动外部负载。

2. 梯形图

梯形图具有形象直观、逻辑关系明显、实用性强的特点。如图 4-75 所示，梯形图的两侧平行竖线为母线，其间由许多触点和编程线圈组成逻辑行。应用梯形图编程时，只要按梯形图逻辑行顺序输入到计算机中，计算机就可自动将梯形图转换成指令表及 PLC 能接受的机器语言，存入并执行。

如图 4-76 所示是 PLC 内部各类软继电器的线圈和触点与继电器线圈和触点的图形符号比较，软继电器的动作原理与常规继电器控制中的动作原理完全一致。

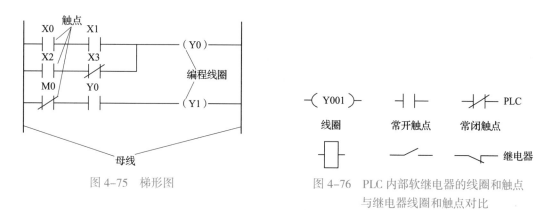

图 4-75　梯形图　　　　　　　　图 4-76　PLC 内部软继电器的线圈和触点与继电器线圈和触点对比

梯形图形式上与继电器控制很相似，读图方法和习惯也相同。梯形图是用图形符号在图中的相互关系表示控制逻辑的编程语言，并且梯形图通过连线，将许多功能强大的 PLC 指令的图形符号连在一起，表达了所调用的 PLC 指令及其前后顺序关系，是目前最常用的一种可编程控制器程序设计语言。

（1）梯形图的特点

1）梯形图中，执行过程是按照从上到下、从左到右的顺序。所有触点都应按从上到下、从左到右的顺序排列，并且触点只允许画水平方向（主控触点除外）。每个继电器线圈为一个逻辑行，即一层阶梯。每个逻辑行起始于左母线，然后是触点的连接，最后终止于继电器线圈。左母线与线圈之间一定要有触点，而线圈与右母线之间不能存在任何触点。

2）梯形图中的继电器不是物理继电器，每个继电器各触点均为存储器中的一位，为"软继电器"。当存储器状态为"1"时，表示该继电器得电，其常开触点闭合或常闭触点断开。

3）梯形图中流过的电流并非实际电源的电流，而是"概念"电流，"概念"电流只能从左到右流动。

4）梯形图中，继电器触点可在编制用户程序时无限次地使用，既可常开又可常闭。如果同一继电器线圈重复使用两次，PLC将视其为语法错误。

5）梯形图中，前面的逻辑执行结果可供后面的逻辑操作使用。

6）梯形图中，除了输入继电器没有线圈，只有触点，其他继电器既有线圈又有触点。输出线圈只对应输出状态表的相对位置，不能用该编程元件直接驱动现场执行元件，该位置的状态必须通过I/O模块上对应的输出晶体管开关、继电器或双向晶闸管，才能驱动现场的执行元件。

（2）梯形图编程的设计原则

1）触点不能接在线圈的右边，如图4-77a所示；线圈也不能直接与左母线连接，必须通过触点连接，如图4-77b所示。

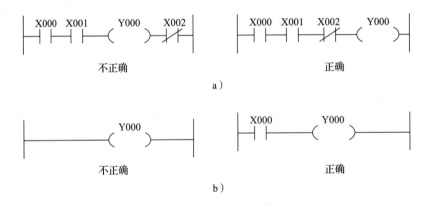

图 4-77　触点和线圈的位置

a）触点不能接在线圈的右边　b）线圈不能直接与左母线连接

2）在每一个逻辑行上，当几条支路并联时，串联触点多的应安排在上边；几条支路串联时，并联触点多的应安排在左边，如图4-78所示。

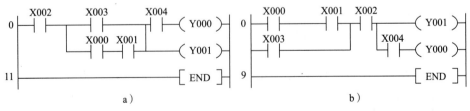

图 4-78　并联支路的画法

a）不推荐的梯形图　b）推荐的梯形图

3）梯形图的触点应画在水平支路上，而不应画在垂直支路上，如图 4-79 所示。

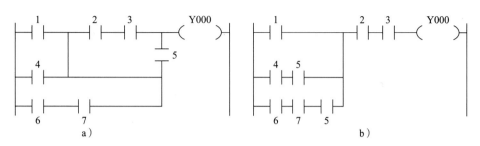

图 4-79 触点应画在水平支路上
a）不合适的画法 b）正确的画法

4）遇到不可编程的梯形图时，可根据信号单向自左至右、自上而下流动的原则重新编排，以便于正确应用 PLC 基本编程指令进行编程，如图 4-80 所示。

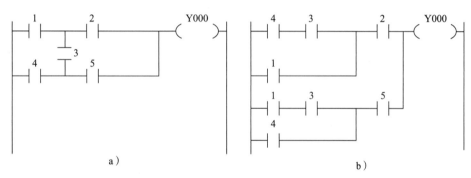

图 4-80 梯形图的重排
a）不可编辑的梯形图 b）变换后的梯形图

5）如果在同一程序中同一元件的线圈重复出现两次或两次以上，则称为双线圈输出，这时前面的输出无效，后面的输出有效，如图 4-81 所示。一般不应出现双线圈输出。

3. PLC 的基本指令系统

PLC 产生的最直接原因是为了取代继电器控制，而梯形图则是从继电器电路图演变而来的，目的是使工程技术人员、现场电气维修人员感觉不到 PLC 与继电器控制的区别。因此，80% 以上的 PLC 制造商都采用了梯形图作为编程语言，通过 PLC 的指令系统将梯形图转变成 PLC 能接受的程序，由编程器将程序键入到 PLC 的用户存储区中。

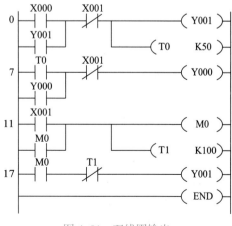

图 4-81 双线圈输出

（1）指令表

PLC 的基本指令主要包括与、或、非、定时器、计数器、移位寄存器等，其指令符号及各指令的功能见表 4–13。

表 4–13　　　　　　　　　　PLC 的指令符号及各指令的功能

指令	含义	功能
LD（取指令）	逻辑运算开始指令	用于与左母线连接的常开触点
LDI（取反指令）	逻辑运算开始指令	由于与左母线连接的常闭触点
OR（或指令）	常开触点并联指令	把指定操作元件中的内容和原来保存在操作器里的内容进行逻辑"或"，并将这一逻辑运算的结果存入操作器
ORI（或非指令）	常闭触点并联指令	把指定操作元件中的内容取反，然后和原来保存在操作器里的内容进行逻辑"或"，并将逻辑运算的结果存入操作器
AND（与指令）	常开触点串联指令	把指定操作元件中的内容和原来保存在操作器里的内容进行逻辑"与"，并将逻辑运算的结果存入操作器
ANI（与非指令）	常闭触点串联指令	把指定操作元件中的内容取反，然后和原来保存在操作器里的内容进行逻辑"与"，并将逻辑运算的结果存入操作器
OUT（输出指令）	驱动线圈的输出指令	将运算结果输出到指定的继电器
END（结束指令）	程序结束指令	表示程序结束，返回起始地址

（2）简单 PLC 编程

1）点动线路的梯形图如图 4–82 所示。当按下按钮 X000，线圈 Y000 接通，松开按钮，线圈失电。程序如下：

000　LD　X000

001　OUT　Y000

002　END

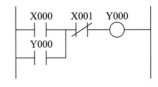

图 4–82　点动线路的梯形图

2）启动—停止—自锁线路梯形图如图 4–83 所示。当按下启动按钮 X000，线圈 Y000 接通，常开触点 Y000 随之闭合，使得输出保持，直到按下停止按钮 X001，线圈失电。程序如下：

000　LD　X000

001　OR　Y000

002　ANI　X001

003　OUT　Y000

004　END

图 4–83　启动—停止—自锁线路梯形图

3）正反转线路梯形图如图 4-84 所示。正向、反向两个方向各有一个启动按钮，共用一个停止按钮。在换向前，必须按停止按钮 X002，动断（常闭）触点 Y002、Y001 为互锁，防止两个输出同时接通而损坏设备。该线路也可用于低速 / 高速、上行 / 下行等控制系统中。X001、X003 用于控制前进、后退。程序如下：

000	LD	X001
001	OR	Y001
002	ANI	X002
003	ANI	Y002
004	OUT	Y001
005	LD	X003
006	OR	Y002
007	ANI	X002
008	ANI	Y001
009	OUT	Y002
010	END	

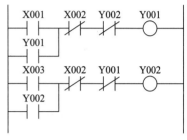

图 4-84 正反转线路梯形图

1. PLC 硬件各部分的作用是什么？
2. 请列举一些 PLC 控制系统中常用的输入输出设备。

技能训练

1. 用 PLC 完成电动机点动控制、自锁控制的编程。
2. 用 PLC 完成电动机正反转控制的编程。

第五章 防雷及接地装置施工

学习目标

　　了解接闪杆的安装工艺，掌握接闪带的安装工艺，掌握暗装引下线施工工艺，掌握接地母线敷设工艺，掌握接地极制作安装工艺，熟悉接地电阻的测试，了解等电位联结技术，掌握总等电位及局部等电位联结工艺。

第一节　防雷装置安装

一、防雷装置的组成

　　防雷装置的作用是将雷击电荷或建筑物感应电荷迅速引入大地，保护建筑物、电气设备及人身不受损害。完整的防雷装置是由接闪器、引下线和接地装置三部分组成的。

　　1. 接闪器

　　接闪器是用来接受雷击电流的装置。根据被保护物体形状的不同，接闪器有杆、网、带、线、环等不同形状。

　　（1）接闪杆

　　接闪杆适用于保护细高建筑物或构筑物，如烟窗、水塔、孤立的建筑物等。接闪杆一般采用直径不小于 20 mm、长为 1 ~ 2 m 的圆钢，或直径不小于 25 mm 的镀锌金属管制成，顶端砸尖，以利于尖端放电。

　　（2）接闪带和接闪网

　　接闪带和接闪网采用镀锌圆钢或扁钢制成，圆钢直径不应小于 8 mm，扁钢截面积不应小于 48 mm^2，厚度不得小于 4 mm。接闪带是在建筑物易遭受雷击的部位（如屋脊、屋檐、屋角、女儿墙和山墙）用镀锌圆钢或扁钢安装的条形长带。接闪网相当于纵横交错叠加在一起形成多个网孔的接闪带。

　　（3）接闪线

　　接闪线适用于长距离高压供电线路的防雷保护，一般采用截面积不小于 35 mm^2 的镀锌钢绞线，架设在架空线之上。

2. 引下线

引下线是接闪器与接地体之间的连接线，作用是将接闪器上的雷电流安全地引至接地装置，以尽快地泄入大地。引下线有三种设计方案：第一种是采用镀锌圆钢或镀锌扁钢，沿建筑物表面敷设；第二种是利用钢筋混凝土建筑中的混凝土柱或剪力墙内主筋上下贯通做引下线；第三种是利用建筑物的钢梁、钢柱、消防梯等金属构件，以及幕墙的金属立柱等作为引下线，其所有部件之间均应连成电气通路，各金属构件可覆有绝缘材料。

3. 接地装置

接地装置是防雷装置的重要组成部分，其作用是向大地均匀泄放雷电流，使防雷装置对地电压不至于过高。镀锌扁钢、圆钢、角钢、钢管等钢材可作为人工接地装置，建筑的地基基础可作为自然接地装置。

二、接闪器的安装

防雷接闪器由金属导体制成，应装设在建筑物易受雷击的部位。建筑物容易遭受雷击的部位与屋顶的坡度有关，如图 5-1 所示。

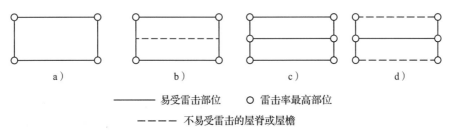

——— 易受雷击部位　○ 雷击率最高部位
- - - - 不易受雷击的屋脊或屋檐

图 5-1 建筑物易受雷击的部位

a）平屋顶　b）坡度不大于 1/10 的屋顶　c）坡度大于 1/10、小于 1/2 的屋顶　d）坡度大于 1/2 的屋顶

1. 接闪带的安装

接闪带主要用在建筑物的屋脊、屋檐、屋顶边沿及女儿墙等易受雷击的部位。高层建筑屋顶上接闪带布置如图 5-2 所示。

接闪带一般采用直径大于 8 mm 的镀锌圆钢或截面积不小于 48 mm²、厚度不小于 4 mm 的扁钢沿女儿墙及电梯机房或水池顶部的四周敷设，用支架固定，支架间距为 1 m 左右，支架与接闪带转角处的距离为 0.5 m。明装接闪带应平直、牢固，距离建筑物表面高度应一致，平直度每 2 m 检查段允许偏差 3%，但全长不得超过 10 mm。接闪带弯曲处不得小于 90°，弯曲半径不得小于圆钢直径的 10 倍。

不上人建筑屋顶上接闪带做法如图 5-3 所示。各支架间最大尺寸如下：$L=1\,000$ mm，$L_1=500$ mm，$L_2=1\,000$ mm，$H=500$ mm，$H_1=150$ mm。图 5-3 中，接闪带在屋檐上沿支架敷设，在屋顶可沿混凝土支座敷设。如果用混凝土支座明敷设，将混凝土支座按图 5-3 所示预制好并分档摆好，两端拉直线，然后将其他支座用砂浆找平找直并固定。

接闪带还可利用镀锌扁钢在屋顶暗敷设，暗敷射的接闪带可以埋在建筑物防水保护层内，并与暗敷设的接闪网和防雷引下线焊接。

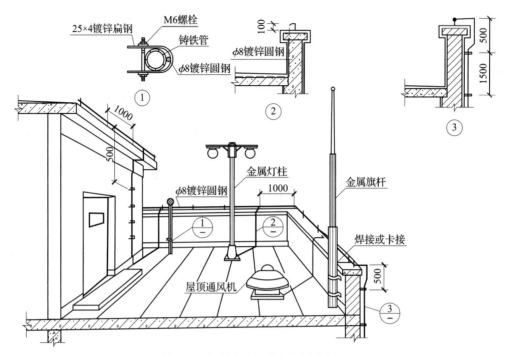

图 5-2　高层建筑屋顶上接闪带布置

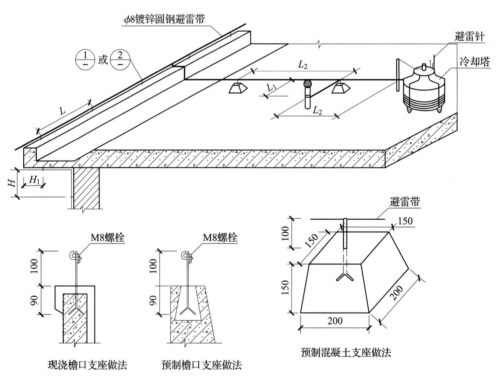

图 5-3　不上人建筑屋顶接闪带做法

　　同一建筑物不同平面的接闪带应至少有两处互相连接并与引下线可靠连接。屋顶上所有凸出的金属管道、金属构筑物、冷却塔、风机等应与接闪带可靠连接。连接处应采用焊接,搭焊长度应为圆钢直径的 6 倍或扁钢宽度的 2 倍,并且不少于 100 mm。建筑物变形缝处的接闪带应留出伸缩余量。

节日彩灯沿接闪带平行敷设时,接闪带的高度应高于彩灯顶部,如图 5-4 所示。节日彩灯沿接闪带垂直敷设时,吊挂彩灯的金属线应可靠接地,同时应考虑在彩灯控制电源箱处安装低压避雷器或采取其他防雷击措施。

图 5-4 节日彩灯沿接闪带平行敷设

2. 接闪网的安装

当建筑物的屋面较大时,除按上述方法敷设接闪带外,还应在屋面敷设接闪网。接闪网相当于纵横交错的接闪带组成的整体,如图 5-5 所示,安装方法与接闪带相同。接闪网网格尺寸及引下线间隔见表 5-1。

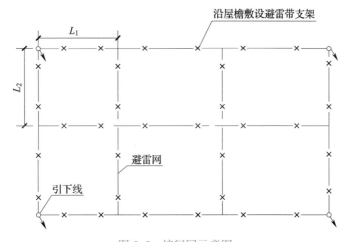

图 5-5 接闪网示意图

表 5-1　　　　　　　　　　接闪网网格尺寸及引下线间隔　　　　　　　　　　　　　　m

建筑防雷类别	L_1	L_2	引下线间隔
一类	5~6	4~5	12
二类	≤10	≤10	18
三类	≤20	≤20	24

3. 接闪杆的安装

接闪杆一般采用热浸镀锌圆钢或钢管制成,其直径不应小于下列数值:

(1)独立接闪杆一般采用直径为 19 mm 的镀锌圆钢。

(2)接闪杆用直径 12 mm 以上的镀锌圆钢或直径 20 mm 以上的镀锌钢管。

(3)用镀锌钢管制作针尖,管壁厚度不得小于 2.5 mm,针尖刷锡长度不得小于 70 mm。

接闪杆应垂直安装牢固,垂直度允许偏差为 0.3%。建筑物屋顶接闪杆可分为在屋面上安装(见图 5-6)和在山墙上安装(见图 5-7)两种。接闪杆在屋面上安装时,先将钢板底座固定在屋面预埋的地脚螺栓上，焊一块肋板，将接闪杆立起，调整好垂直度，进行点焊固定，然后将其他3块肋板与接闪杆和底座焊牢，最后将引下线焊在底板上，清除药皮并刷防锈漆。

水塔、屋顶冷却塔安装接闪杆时，可将接闪杆直接固定在塔周围的栏杆上，焊好引下线，并与防雷引下线连接。

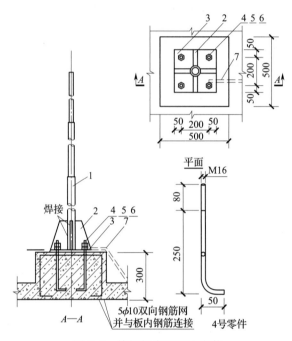

图 5-6　接闪杆在屋面上安装

1—接闪杆　2—加劲肋　3—底板　4—底脚螺栓　5—螺母　6—垫圈　7—引下线

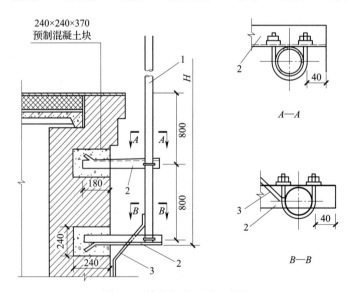

图 5-7　接闪杆在山墙上安装

1—接闪杆　2—支架　3—引下线

4. 高层建筑的防雷措施

当建筑物的高度超过 30 m 时，从建筑物的首层起，每隔 3 层利用结构圈梁里的主筋做均压环时，应将不少于两根的主筋焊成闭合环路，并与每根防雷引下线焊接牢固。金属门窗处应留出与金属门窗的连接头（不小于两点）。高层均压环及外墙金属门窗的做法如图 5-8 所示。

钢结构、玻璃幕墙建筑所有钢质（或其他金属）结构体必须通过均压环、引下线等与防雷装置可靠连接，连接方法可根据相关要求采用压接或焊接，具体做法如图 5-9 所示。

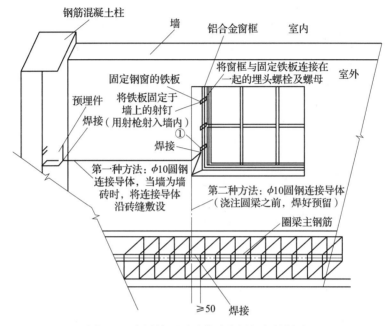

图 5-8　高层均压环及外墙金属门窗的做法

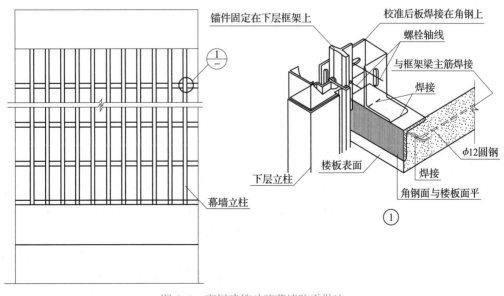

图 5-9　高层建筑玻璃幕墙防雷做法

三、引下线的安装

引下线是连接接闪器和接地装置的金属导体，用来将接闪器接受的雷电流引到接地装置，如图 5-10 所示。由于雷电流的幅值可高达几万安培，故要求引下线有较好的导电能力和足够的机械强度。引下线应热浸镀锌，焊接处应涂防腐漆。在腐蚀性较强的场所，还应加大引下线截面积或采取其他的防腐措施。

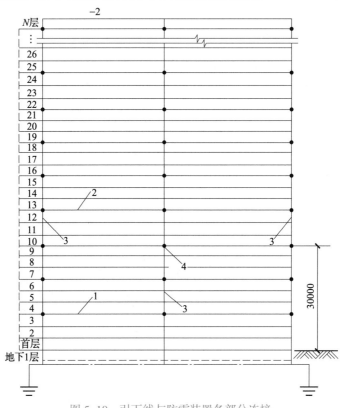

图 5-10　引下线与防雷装置各部分连接

1—均压环　2—接闪带　3—引下线　4—圈梁钢筋与引下线焊接

1. 利用结构柱的主筋作引下线

建筑防雷装置宜利用建筑物钢结构或结构柱的主筋作为引下线。敷设在混凝土结构柱中作引下线的钢筋仅为一根时，其直径不应小于 10 mm；当钢筋直径不小于 16 mm 时，应利用柱内至少两根钢筋作为引下线；当钢筋直径为 10 ~ 16 mm 时，应利用 4 根钢筋作为一组引下线。

当利用构造柱内钢筋时，其截面积总和不应小于一根直径 10 mm 钢筋的截面积，且多根钢筋应通过箍筋绑扎或焊接连通。作为专用防雷引下线的钢筋应上端与接闪器、下端与防雷接地装置可靠连接，结构施工时做明显标记。

先按设计要求找出柱子主筋位置，然后油漆做好标记，距室外地坪 0.3 ~ 0.5 m 处焊出测试点，如图 5-11 所示，随钢筋逐层串联焊接至顶层，焊接出一定长度的与接闪带连接线，搭接长度不应小于 100 mm，做完后进行隐蔽工程检验，并做好隐检记录。

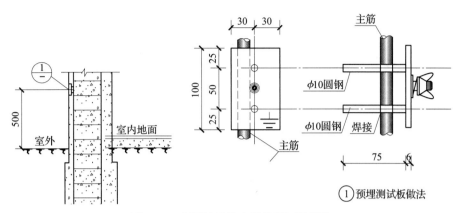

图 5-11 利用构造柱主筋作引下线做法

2. 明装专设引下线的安装

当专设引下线时，宜采用圆钢或扁钢。采用圆钢时，直径不应小于 8 mm；采用扁钢时，截面积不应小于 50 mm²，厚度不应小于 2.5 mm，并应以较短路径接地。

（1）支持卡子固定

明装引下线用预埋的支持卡子固定，支持卡子应突出外墙装饰面 150 mm 以上，水平直线部分间距为 0.5 ~ 1.5 m，垂直直线部分间距为 1.5 ~ 3 m，弯曲部分间距为 0.3 ~ 0.5 m，排列应均匀、整齐，如图 5-12 所示。应尽可能随土建结构施工预埋支架或铁件，根据施工图要求弹线并布置墙面固定点位置，用锤子、錾子剔洞，洞的大小应不小于 50 m×50 mm，深度不小于 100 mm。首先埋注一条直线上的两端支架，然后用铅丝拉直线埋注中间支架。填充水泥砂浆时，洞内先用水浇湿。

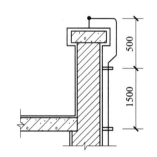

图 5-12 明装引下线支持卡子

（2）引下线安装

引下线安装前，必须先将扁钢或圆钢调直，将引下线提升到最高点，放入每个支架卡子内，从断接卡处由下而上将卡子螺栓拧紧。断接卡子处应进行焊接。焊接后，清除药皮，刷防腐漆。防雷引下线及接地体的连接应采用焊接，焊接处应补涂防腐剂。

采用专设引下线时，宜在各专设引下线距地面 0.3 ~ 1.8 m 处设置断接卡。当利用钢筋混凝土中的钢筋、钢柱作引下线并同时利用基础钢筋做接地网时，可不设断接卡。当利用钢筋做引下线时，应在室内外适当地点设置连接板，供测量接地、连接人工接地体和等电位联结用。

当仅利用钢筋混凝土中钢筋作引下线并采用埋于土壤中的人工接地体时，应在每根专用引下线距地面不低于 0.5 m 处设接地体连接板。采用埋于土壤中的人工接地体时，应设断接卡，其上端应与连接板或钢柱焊接，连接板处应有明显标志。断接卡子具体做法如图 5-13 所示。

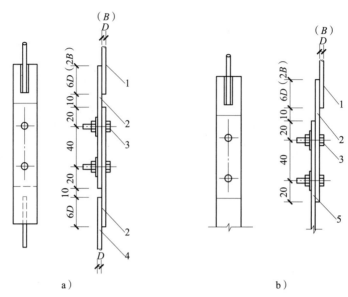

图 5-13　断接卡子具体做法

a）用于圆钢连接线　b）用于扁钢连接线

1—圆钢引下线　2—扁钢卡子　3—连接螺栓　4—圆钢接地线　5—扁钢接地线

3. 暗装专设引下线

某些建筑物对外观要求较高，专设引下线也可暗敷，但截面积应加大一级，圆钢直径不应小于 10 mm，扁钢截面积不应小于 80 mm²。先将所需扁钢或圆钢调直，然后将引下线的下端与接地体焊接好，并与断接卡子连接，如图 5-14 所示。随着主体结构施工高度逐步增高，将引下线敷设于建筑物主体结构内至屋顶接闪带，屋顶引出长度应能与屋顶接闪带可靠连接。如需中间接头，应进行焊接，随着结构钢筋的施工做好隐检，并填写记录。

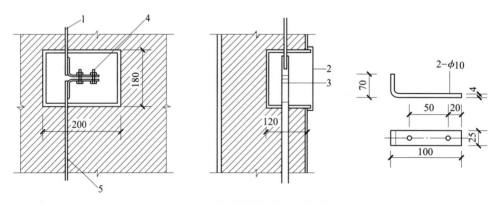

图 5-14　暗装专设引下线断接卡子做法

1—暗装专设引下线　2—暗装接线盒　3—断接卡子　4—连接螺栓　5—接地母线

四、质量验收规范

1. 主控项目要求

（1）接闪器

1）接闪器的布置、规格及数量应符合设计要求。

2）接闪器与防雷引下线必须采用焊接或卡接器连接，防雷引下线与接地装置必须采用焊接或螺栓连接。接闪器与防雷引下线的连接应采用焊接，如图5-15所示，当焊接有困难时可采用螺栓连接，但接触面最好采用热镀锌。

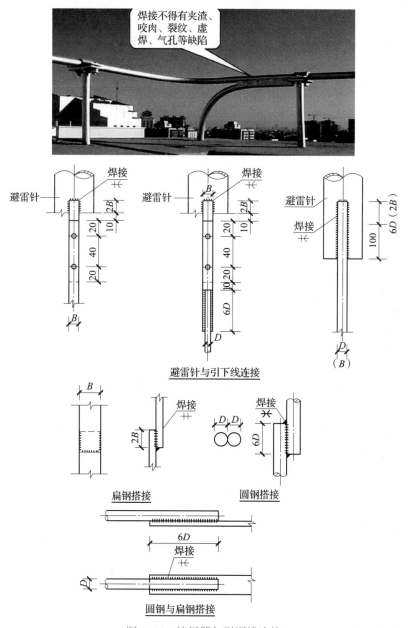

图 5-15　接闪器与引下线连接

3）当利用建筑物屋面或屋顶上旗杆、栏杆、装饰物、铁塔，以及女儿墙上的盖板等永久性金属物做接闪器时，其材质及截面积应符合设计要求，建筑物金属屋面板间的连接、永久性金属物各部件之间的连接应可靠、持久。

（2）引下线

防雷引下线的布置、安装数量和连接方式应符合设计要求。

2.一般项目要求

（1）接闪器

1）设计要求接地的幕墙金属框架和建筑物的金属门窗，应就近与防雷引下线可靠连接，连接处不同金属间应采取防电化学腐蚀的措施。

2）接闪杆、接闪线或接闪带安装位置应正确，安装方式应符合设计要求，焊接固定的焊缝应饱满、无遗漏，螺栓固定应有防松零件，焊接连接处应防腐完好。

3）接闪线和接闪带安装应符合下列规定：

①安装应平正顺直、无急弯，其固定支架间距均匀、固定牢固。

②当设计无要求时，固定支架高度不宜小于 150 mm，间距应符合表 5-2 的规定。

表 5-2　　　　　　　　　　接闪导体及明敷引下线固定支架的间距　　　　　　　　　　mm

布置方式	扁形导体固定支架间距	圆形导体固定支架间距
安装于水平面上的水平导体		
安装与垂直面上的水平导体	500	1 000
安装于高于 20 m 以上垂直面上的垂直导体		
安装于地面至 20 m 以下垂直面上的垂直导体	1 000	1 000

③每个固定支架应能承受 49 N 的垂直拉力。

4）接闪带或接闪网在过建筑物变形缝处的跨接应有补偿措施。

（2）引下线

1）暗敷在建筑物抹灰层内的引下线应有卡钉分段固定；明敷的引下线应平直、无急弯，并应设置专用支架固定，引下线焊接处应刷油漆防腐且无遗漏。

2）防雷引下线、接闪线、接闪网和接闪带的焊接、连接、搭接长度及要求应符合国家标准《建筑电气工程施工质量验收规范》（GB 50303—2015）的规定。

技能训练

1．接闪带的材料加工

（1）准备锤子、压力案子、台虎钳等手动工具，钢筋切割机等电动工具。

（2）根据图纸设计准备 ϕ10 镀锌圆钢 10 m，–25×4 镀锌扁钢 5 m。

（3）指导教师绘制一张某建筑屋面周长不大于 10 m 的防雷模型图，标注出伸缩缝所在位置。

（4）学生根据模型图，将 ϕ10 镀锌圆钢平正顺直，并根据规范在该模型伸缩缝处对接闪带进行弯曲。

（5）正确计算支架个数及每个支架的尺寸，并画出支架布置图。

（6）根据要求用钢筋切割机对扁钢进行下料。

2. 阅读图 5-16，说明图中 1 和 2 分别是什么，并说明它们的安装工艺。

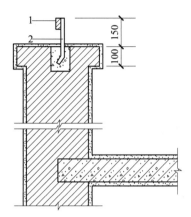

图 5-16　接闪带在女儿墙上安装

第二节　接地装置安装

接地装置包括接地体和接地母线，接地体是指埋入土壤中或混凝土基础中作散流用的导体，接地母线是指从引下线断接卡或测试处至接地体的连接导线。接地装置最小允许规格、尺寸见表 5-3。根据施工图要求不同，接地装置分为利用土建基础的自然接地装置和电气专业另外使用钢材制作的人工接地装置两种类型。

表 5-3　　　　　　　　　　　　接地装置最小允许规格、尺寸

种类、规格及单位		敷设位置及使用类别			
		地上		地下	
		室内	室外	交流电流回路	直流电流回路
圆钢直径（mm）		6	8	10	12
扁钢	截面积（mm^2）	60	100	100	100
	厚度（mm）	3	4	4	6
角钢厚度（mm）		2	2.5	4	6
钢管壁厚度（mm）		2.5	2.5	3.5	4.5

一、接地母线的敷设

1. 人工接地母线的敷设

接地母线根据安装的场所不同，分为室内接地母线和室外接地母线两种类型；根据所起作用不同，分为接地干线和接地支线两种类型。

接地干线是建筑物内电气连接、等电位接地及其他连接的干线，通过接地干线，建筑物内需要接地的物体与接地装置可靠连通。接地干线应在两个以上不同点与接地装置相连接。

（1）室外接地干线敷设

首先将接地干线调直、测位、打眼、煨弯，并将断接卡子及接地端子装好，然后根据设计要求的尺寸位置挖沟，挖好后将扁钢放平埋入。回填土应压实，但无须打夯，接地干线末端露出地面应不超过 0.5 m，以便连接引下线。

（2）室内接地干线敷设

如图 5-17 所示，室内接地干线用螺栓连接或焊接方法固定在距地 250~300 mm 的支持卡子上，支持卡子的间距如下：水平直线部分 1~1.5 m，转弯或分支处 0.5 m，垂直部分 1.5~2 m。

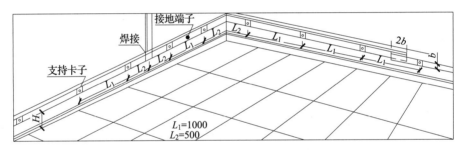

图 5-17　室内接地干线敷设

1）支持卡子的做法。图 5-18 为室内接地母线支持卡子的做法，在房间内，为了便于维护和检查，母线与墙面应有 10~15 mm 的距离。图中尺寸 b 等于接地扁钢宽度。

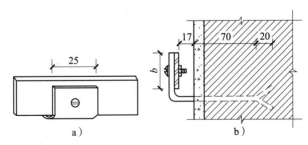

图 5-18　室内接地母线支持卡子的做法

a）支持卡子　b）支持卡子安装图

2）如图 5-19 所示，室内接地母线过建筑物沉降缝和伸缩缝处，应留有伸缩余量，并分别距伸缩缝（或沉降缝）两端各 200~400 mm 加以固定。

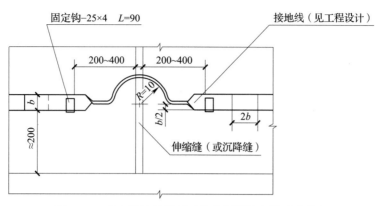

图 5-19 室内接地母线过建筑物沉降缝和伸缩缝做法

3）接地线在穿过墙壁时，应通过明孔、钢管或其他坚固的保护套。多层建筑物电气设备分层安装，接地线又需穿楼板，这时应留洞或预埋钢管。接地线安装后，应在墙洞或钢管两端用沥青棉纱封严。

4）接地线由室外接地网引入室内的做法如图 5-20 所示。

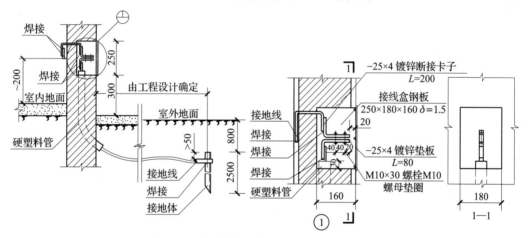

图 5-20 接地线由室外接地网引入室内的做法

（3）接地支线做法

连接电气设备的接地支线往往需要在混凝土地面中暗敷设，在土建施工时应及时配合敷设好。敷设时应根据设计将接地线一端接电气设备，一端接距离最近的接地干线。所有的电气设备都需要单独敷设接地支线，不可将电气设备串联接地。

（4）爆炸和火灾危险场所电气设备的接地

1）电气设备的金属外壳和金属管道、容器设备及建筑物结构均应可靠接地或接零，管道接头处应作跨接线。

2）在爆炸危险场所的不同方向上，接地和接零干线与接地装置相连应不少于两处，一般应在建筑物两端。

3）在爆炸危险场所内，中性点直接接地的低压电力网中，所有的电气装置接零保护不得接在工作零线上，应接在专用的接地零线上。

4）防静电接地线应单独与接地干线相连，不得相互串联接地，铜芯绝缘导线应有硬塑料管保护，镀锌扁钢应有角钢保护。

5）爆炸场所内的金属管线及电缆的金属外皮只作辅助接地线。

（5）明敷接地线的标志和防腐，按下列要求刷漆

1）涂黑漆。明敷的接地线表面应涂黑漆。若按建筑物的设计要求需涂其他颜色，则应在连接处及分支处各涂宽 15 mm 的两条黑带，间距为 150 mm。

2）涂紫色带黑色条纹。中性点接地与接地网的明设接地线应涂以紫色带黑色条纹。

3）涂黑带。在三相四线网络中，如果接有单相分支线并用其零线做接地线时，零线在分支点应涂黑带。

4）标黑色接地记号。在接地线引向建筑物内的入口处，一般应标黑色接地记号，可标在建筑物的外墙上。

5）刷白色漆后标黑色接地记号。室内干线专门备有检修用的临时接地点处，应刷白色底漆后标黑色接地记号。

（6）变压器室、高低压开关室内的接地干线应有不少于 2 处与接地装置引出干线连接。

2. 建筑物基础接地网的敷设

利用建筑物基础内钢筋作为接地装置时，应在土建基础施工时进行。利用底板钢筋作接地体，将底板钢筋搭接焊成方格形接地网，再将标有防雷引下线的柱内主筋（不少于 2 根）底部与底板筋接地网搭接焊好，并在室外地面以下将柱内主筋焊好连接板，将两根主筋用色漆做好标记。利用建筑物基础作为接地网做法如图 5-21 所示。

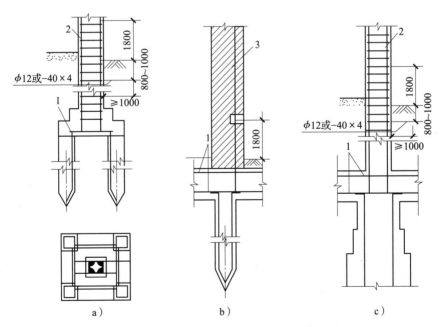

图 5-21 利用建筑物基础作为接地网做法
a）独立式桩基 b）方桩基础 c）挖孔桩基础
1—承台梁钢筋 2—柱主筋 3—独立引下线

桩基与承台钢筋连接做法如图 5-22 所示，找好桩基组数位置，把每组桩基周围主筋搭接封焊（如果每组桩基超过 4 根时，可只连接四角的四根桩基），再与承台上主筋和柱内主筋（不少于 2 根）焊好，并在室外地面以下将柱内主筋预埋好接地连接板，清除药皮，将 2 根主筋用色漆做好标记，便于引出和检查，做好隐蔽检查，填写隐蔽工程检验记录。

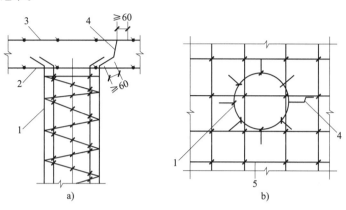

图 5-22 桩基与承台钢筋连接做法

a）桩基与承台钢筋连接主视图 b）桩基与承台钢筋连接俯视图

1—桩基钢筋 2—承台下层钢筋 3—承台上层钢筋 4—连接导体≥φ10 钢筋或圆钢 5—承台钢筋

二、接地极的制作安装

1. 接地极的制作

垂直接地体一般使用 2.5 m 长的钢管或角钢制作，其端部按图 5-23 制作。

2. 接地极的安装

接地极的安装如图 5-24 所示，接地极安装前，应按要求开挖土沟，土沟挖好后，应及时安装接地体和焊接接地干线，将接地极打入地中。土质较坚硬时，为防止将接地体顶端打劈，可在顶端加护帽或焊一块钢板加以保护。当接地体顶端距离地面600 mm 时，应停止打入。

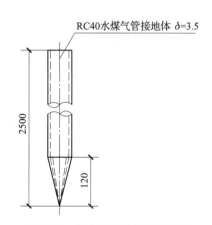

图 5-23 垂直接地体端部的制作

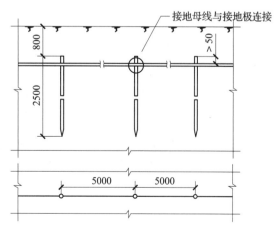

图 5-24 接地极的安装

垂直接地体间多用扁钢作为接地母线连接。当接地体打入地中后，即可将扁钢放置于土沟内，依次将扁钢与接地体焊接。扁钢应侧放，不可平放，这样既便于焊接，也可减小其散流电阻。接地母线与接地极的连接如图 5-25 所示。

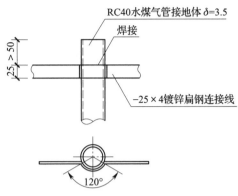

图 5-25　接地母线与接地极的连接

接地体及其引出线均应做防腐处理，焊接部分应补刷防腐漆。

当设计无要求时，接地装置顶面埋设深度不应小于 0.6 m。圆钢、角钢及钢管接地极应垂直埋入地下，间距不应小于 5 m。

三、接地电阻的测试

接地电阻是指接地母线电阻、接地体电阻及散流电阻（电流通过接地体向土壤散开时土壤对该电流的阻碍作用）的总和。工频接地电流流经接地装置所呈现的接地电阻，称为工频接地电阻；雷电流流经接地装置所呈现的接地电阻，称为冲击接地电阻。接地体安装完毕后，应对接地电阻进行测试。合格后方可回填，分层夯实，并做好电阻测试记录及电气接地装置隐蔽记录。

1. 接地电阻测试仪的使用

接地电阻测试仪种类繁多，数字式和模拟式均有，ZC 系列用途较为广泛。如图 5-26 所示，ZC-8 型接地电阻测试仪是一种直接测量接地电阻及土壤电阻率的专用仪表，主要由手摇交流发电机、相敏整流放大器、电位器、电流互感器及检流计等构成。ZC-8 型接地电阻测试仪外形与普通绝缘摇表差不多，也就按习惯称为接地电阻摇表。其外形结构随型号的不同稍有变化，但使用方法基本相同。当手摇交流发电机以约 120 r/min 的速度转动时，便可产生 110 ~ 115 Hz 的交流电。

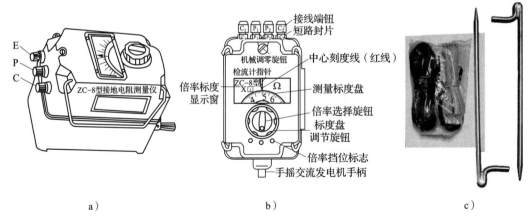

a）　　　　　　　　　　　　b）　　　　　　　　　　　　c）

图 5-26　ZC-8 型接地电阻测试仪

a）三端钮接地电阻测试仪　b）四端钮接地电阻测试仪及面板　c）接地探测棒及导线

三端钮接地电阻测试仪的量程规格为 $10\ \Omega \sim 100\ \Omega \sim 1\ 000\ \Omega$，有"$\times 1$""$\times 10$""$\times 100$"共 3 个倍率挡位可供选择。四端钮接地电阻测试仪的量程规格为 $1\ \Omega \sim 10\ \Omega \sim 100\ \Omega$，有"$\times 0.1$""$\times 1$""$\times 10$"共 3 个倍率挡位可供选择。

2. 接地电阻的测试

（1）接地电阻

部分接地装置的接地电阻见表 5-4。

表 5-4　　　　　　　　　　　　　部分接地装置的接地电阻

接地类型		允许接地电阻最大值（Ω）
TN、TT 系统中变压器中性点接地（其低压侧零线、外壳应接地）	单台容量为 100 kVA 以上	4
	单台容量为 100 kVA 以下	10
低压系统重复接地（重复接地不少于三处）	变压器工作接地电阻为 4 Ω	10
	变压器工作接地电阻为 10 Ω	30
燃油系统设备及管道防静电接地		30
电子设备接地	直流设备	4
	交流设备	4
	防静电接地	30
建筑物防雷接地	一类防雷建筑物	10
	二类防雷建筑物	20
	三类防雷建筑物	30
共用建筑物基础钢筋作接地装置时		1

（2）测试方法

1）如图 5-27 所示，拆开接地干线与接地体的连接点，或拆开接地干线上所有接地支线的连接点。

2）将两根接地棒分别插入地面 400 mm 深，一根离接地体 40 m 远，另一根离接地体 20 m 远。

3）把摇表置于接地体近旁平整的地方，然后进行接线。

①用一根连接线连接表上接线桩 E 和接地装置的接地体 E′。

②用一根连接线连接表上接线桩 C 和离接地体 40 m 远的接地棒 C′。

③用一根连接线连接表上接线桩 P 和离接地体 20 m 远的接地棒 P′。

4）根据被测接地体的接地电阻要求，调节好倍率选择旋钮（有三挡可调范围）。

5）以约120 r/min的速度均匀地摇动摇表。当表针偏转时，随即调节标度盘调节旋钮，直至表针居中为止。以标度盘调节旋钮定后的测量标度盘读数，乘以倍率选择旋钮定位倍数，即是被测接地体的接地电阻。例如，测量标度盘读数为0.6，倍率选择旋钮定位倍数是10，则被测的接地电阻是6 Ω。

6）为了保证所测接地电阻值可靠，应改变方位进行复测，取几次测得值的平均值作为接地体的接地电阻。

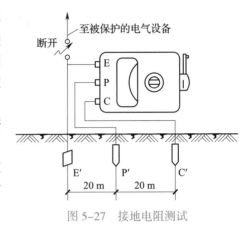

图 5-27　接地电阻测试

四、质量验收标准

1. 主控目标

（1）接地装置

1）在地面以上的部分，应按设计要求设置测试点，测试点不应被外墙饰面遮蔽，且应有明显标识。

2）接地装置的材料规格、型号应符合设计要求。

3）接地干线必须与接地装置可靠连接。

4）接地干线的材料型号、规格应符合设计要求。

（2）接地电阻

1）接地电阻值应符合设计要求。

2）当接地电阻达不到设计要求，需采取措施降低接地电阻时，应符合下列规定：

①采用降阻剂时，降阻剂应为同一品牌的产品，调制降阻剂的水应无污染和杂物。降阻剂应均匀灌注于垂直接地体周围。

②换土或将人工接地体外延至土壤电阻率较低处时，应掌握有关的地质结构资料和地下土壤电阻率分布情况，并应做好记录。

③采用接地模块时，接地模块的顶面埋深不应小于0.6 m，接地模块间距不应小于模块长度的3～5倍。接地模块埋设基坑尺寸宜为模块外形尺寸的1.2～1.4倍，且应详细记录开挖深度内的地层情况。接地模块应垂直或水平就位，并应与原土层保持良好接触。

2. 一般项目

（1）接地装置埋设要求

当设计无要求时，接地装置顶面埋设深度不应小于0.6 m，且应在冻土层以下。圆钢、角钢、钢管、铜棒、铜管等接地极应垂直埋入地下，间距不应小于5 m。人工接地体与建筑物的外墙或基础之间的水平距离不宜小于1 m。

（2）接地装置的焊接要求

接地装置应采用搭接焊，除埋设在混凝土中的焊接接头外，应采取防腐措施，焊接搭接长度应符合下列规定：

1）扁钢与扁钢搭接长度不应小于扁钢宽度的2倍，且应至少三面施焊。

2）圆钢与圆钢搭接长度不应小于圆钢直径的6倍，且应双面施焊。

3）圆钢与扁钢搭接长度不应小于圆钢直径的6倍，且应双面施焊。

4）扁钢与钢管、扁钢与角钢焊接，应紧贴角钢外侧两面，或紧贴3/4钢管表面，上下两侧施焊。

5）当接地极为铜和钢组成，且铜与铜或铜与钢连接采用热剂焊时，接头应无贯穿性气孔且表面平滑。

（3）采取降阻剂措施的接地装置规定

1）接地装置应被降阻剂或低电阻率土壤所包覆。

2）接地模块应集中引线，并应采用干线将接地模块并联焊接成一个环路，干线的材质应与接地模块焊接点的材质相同，钢制的采用热浸镀锌材料的引出线不应少于2处。

（4）明敷室内接地干线的规定

1）明敷的室内接地干线支持件应固定可靠，支持件间距应均匀。扁形导体支持件固定间距宜为500 mm，圆形导体支持件固定间距宜为1 000 mm，弯曲部分宜为300~500 mm。

2）接地干线在穿越墙壁、楼板和地坪处应加套钢套管或其他坚固的保护套管，钢套管应与接地干线做电气连通，接地干线敷设完成后保护管管口应封堵。

3）接地干线跨越建筑物变形缝时，应采取补偿措施。

4）对于接地干线的焊接接头，除埋入混凝土内的接头外，其余均应做防腐处理，且无遗漏。

5）敷设位置应便于检查，不应妨碍设备的拆卸、检修和运行巡视，安装高度应符合设计要求。

6）当沿建筑物墙壁水平敷设时，与建筑物墙壁间的间隙宜为10~20 mm。

7）接地干线全长度或区间段及每个连接部位附近的表面，应涂以宽度为15~100 mm的黄色和绿色相间的条纹标识。

8）变压器室、高压配电室发电机房的接地干线上应设置不少于2个供临时接地用的接线柱或接地螺栓。

技能训练

1. 阅读图5-28，说明有桩基础内接地钢筋的安装工艺。

2. 准备一台ZC-8型接地电阻测试仪，一台兆欧表，由学生在准备的两种仪表中选择正确的仪表并检查。根据测量的任务选择正确的倍率，测量被测接地体的接地电阻，将测量的接地电阻值填入表5-5中。

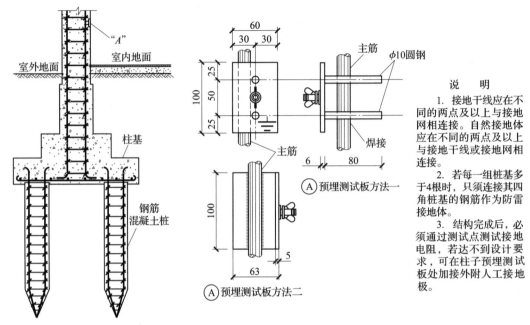

图 5-28　有桩基础内接地钢筋安装

表 5-5　　　　　　　　　　　　　接地电阻测试记录表

测量类型	测量值	规范要求值	误差原因

第三节　等电位联结

等电位联结是指将建筑物内的金属构架、金属装置、电气设备不带电的金属外壳和电气系统的保护导体等与接地装置做可靠的电气连接。用作等电位联结的保护线称为等电位联结线。

等电位联结能够降低发生雷击时各金属物体、各电气系统保护导体之间的电位差，能降低电气系统漏电或接地短路时电气设备金属外壳及其他金属物体与地面之间的电压，有利于消除外界电磁场对保护范围内电子设备的干扰。高层建筑或电气系统采用接地故障保护的建筑物内应实施总等电位联结。

等电位联结分为总等电位联结（MEB）、局部等电位联结（LEB）、辅助等电位联结（SEB）三种。本节主要介绍总等电位联结和局部等电位联结。

一、总等电位联结

1. 总等电位联结概述

通过进线配电箱近旁的总等电位联结端子板（接地母排）将进线配电箱的 PE（PEN）母排、公共设施的金属管道、建筑物的金属结构及人工接地的接地引线等互相连通，降低建筑物内间接接触电击的接触电压和不同金属部件间的电位差，并消除自建筑物外经电气线路和各种金属管道引入的危险故障电压的危害，称为总等电位联结。

2. 总等电位联结施工工艺

（1）材料要求

1）等电位联结线和等电位联结端子板宜采用铜质材料。

2）总等电位联结线的截面积要求见表 5-6。

表 5-6　　　　　　　　　　　　　总等电位联结线的截面积要求

类别取值	总等电位联结线	辅助等电位联结线	
一般值	不小于 0.5 × 进线 PE（PEN）线截面积	两电气设备外露导电部分间	1 × 较小 PE 线截面积
		电气设备与装置外可导电部分间	0.5 × PE 线截面积
最小值	6 mm 铜线或相同电导值导线	有机械保护时	2.5 mm^2 铜线或 4 mm^2 铝线
		无机械保护时	4 mm^2 铜线
	热镀锌钢圆钢直径 10 mm，扁钢 25 mm × 4 mm	热镀锌钢圆钢直径 8 mm，扁钢 20 mm × 4 mm	
最大值	25 mm^2 铜线或相同电导值导线	—	

3）等电位联结端子板的截面积不得小于所连接等电位联结线截面积。

4）热镀锌钢材（圆钢、扁钢等）、辅材（电焊条、铜焊条、氧气、乙炔等）应有材质检验证明及产品出厂合格证。

（2）作业条件

等电位端子板（箱）施工前，土建墙面应刮白结束。

（3）建筑物等电位联结工艺流程

总等电位端子箱→局部等电位端子箱→等电位联结线→连接工艺设备外壳等。

（4）施工要点

1）总等电位端子箱施工。根据设计图纸要求，确定各等电位端子箱位置，如果设计无要求，则总等电位端子箱宜设置在电源进线或进线配电盘处。确定位置后，将等电位端子箱固定。

2）建筑物等电位联结干线施工。建筑物等电位联结干线施工如图 5-29 所示，从与接地装置有不少于 2 处直接连接的接地干线或总等电位箱引出，等电位联结干线

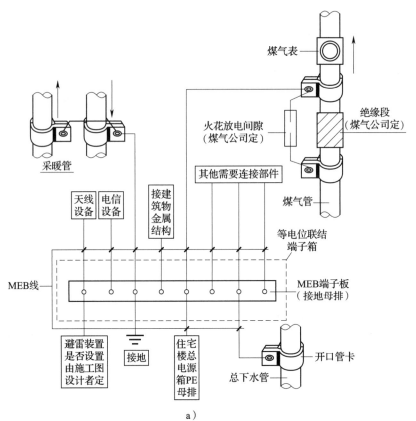

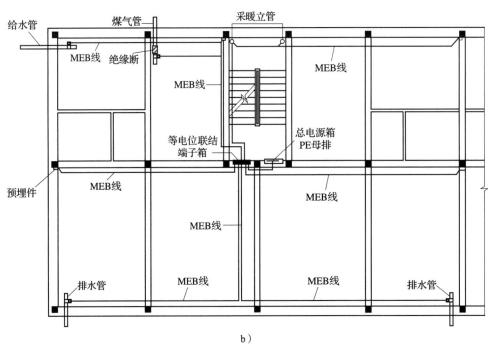

图 5-29　建筑物等电位联结干线施工示意图

a）系统图　b）平面图

或局部等电位箱间的连接线形成环行网路，环行网路应就近与等电位联结干线或局部等电位箱连接，支线间不应串联连接。

当防雷设施（有防雷装置时）利用建筑物结构和基础钢筋作引下线和接地极时，总等电位联结也对雷电过电压起均衡电位的作用。当防雷设施有专用引下线和接地极时，应将该接地极与总等电位联结相连接，并确保其与保护接地的接地极（如基础钢筋）相连通。

有电梯井道时，应将电梯导轨与总等电位联结端子板连通。图 5-29b 中总等电位联结线均为 40 mm×4 mm 镀锌扁钢或铜导线在墙内或地面内暗敷。总等电位联结端子板除与外墙内钢筋连接外，应与卫生间相邻近的墙或柱的钢筋相连接。

注意，图中箭头方向表示水、气流动方向。当进、回水管道相距较远时，也可由 MEB 端子板分别用一根 MEB 线连接。

二、局部等电位联结

1. 局部等电位联结概述

当需在一局部场所范围内作多个辅助等电位联结时，可通过局部等电位联结端子板将母线、PE 干线、公共设施的金属管道及建筑物金属结构等部分互相连通，简便地实现局部范围内的多个辅助等电位联结，称为局部等电位联结。

2. 局部等电位联结施工工艺

（1）材料

1）等电位联结线和等电位联结端子板宜采用铜质材料。

2）局部等电位联结线的截面积要求见表 5-7。

表 5-7　　　　　　　　　　　局部等电位联结线的截面积要求

类别取值	局部等电位联结线	
一般值	不小于 0.5×PE 线截面积	
最小值	有机械保护时	2.5 mm² 铜线或 4 mm² 铝线
	无机械保护时	4 mm² 铜线
	热镀锌钢圆钢直径 8 mm，扁钢 20 mm×4 mm	
最大值	25 mm² 铜线或相同电导值导线	

（2）作业条件

厨房、卫生间、手术室等房间进行等电位联结施工时，金属管道、厨卫设备等应安装结束；金属门窗等电位联结施工应在门窗框定位之后、墙面装饰层或抹灰层施工之前进行。

（3）局部等电位联结施工流程

局部等电位端子箱→等电位联结线施工→连接等电位末端金属体。

1）卫生间局部等电位联结施工。在卫生间内便于检测的位置设置局部等电位联结端子板，端子板与等电位联结干线连接。地面内钢筋网宜与等电位联结线连通，当墙为混凝土墙时，墙内钢筋网也宜与等电位联结线连通。卫生间内金属地漏、下水管等设备通过等电位联结线与局部等电位端子板连接。连接时抱箍与管道接触处的接触表面须刮拭干净，安装完毕后刷防锈漆。抱箍内径等于管道外径，抱箍大小依管道大小而定。等电位联结线采用 $BV-1 \times 4\ mm^2$ 铜导线穿过塑料管于地面或墙内暗敷设。卫生间局部等电位联结施工如图 5-30 所示。

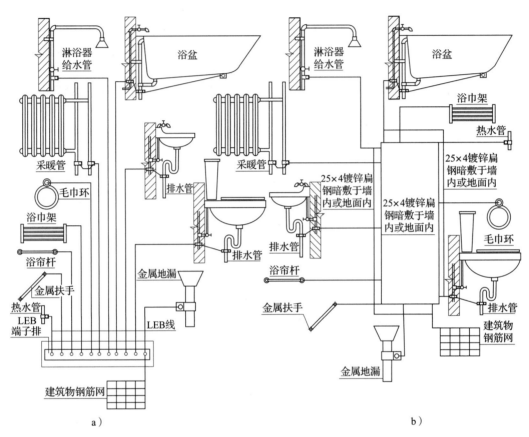

图 5-30　卫生间局部等电位联结施工
a）实例 1　b）实例 2

2）游泳池局部等电位联结施工。在游泳池内便于检测处设置局部等电位联结端子板，金属地漏、金属管等设备通过等电位联结线与等电位联结端子板连通，如图 5-31 所示。

如果室内原无 PE 线，则不应引入 PE 线，将装置外可导电部分相互连接即可。为此，室内也不应采用金属穿线管或金属护套电缆。

游泳池边地面下无钢筋时，应敷设电位均衡导线，间距约为 0.6 m，最少在两处做横向连接。如果在地面下敷设采暖管线，电位均衡导线应位于采暖管线上方。电位均衡导线也可敷设网格 150 mm × 150 mm、直径 3 mm 的铁丝网，相邻铁丝网之间应相互焊接。

3）金属门窗局部等电位联结施工。根据设计图纸，位于柱内或圈梁内的预埋件，设计无要求时应采用尺寸大于 100 mm × 100 mm 的钢板，预埋件应预埋于柱角或圈梁内与主筋焊接。

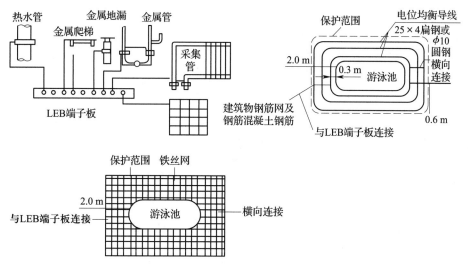

图 5-31 游泳池局部等电位联结施工

使用直径 10 mm 镀锌圆钢或 25 mm×4 mm 镀锌扁钢做等电位联结线连接预埋件与钢窗框、固定铝合金窗框的铁板或固定金属门框的铁板，连接方式采用双面焊接。采用圆钢焊接时，搭接长度不小于 100 mm。

如果金属门窗框不能直接焊接，则制作 100 mm×30 mm×30 mm 的连接件，一端采用不少于 2 套 M6 螺栓与金属门窗框连接，一端采用螺栓连接或直接焊接与等电位联结线连通。

当柱体采用钢柱时，则将连接导体的一端直接焊于钢柱上。

三、质量验收标准

1. 主控项目

建筑物等电位联结的范围、形式、方法、部位及联结导体的材料和截面积应符合设计要求。

需做等电位联结的外露可导电部分或外界可导电部分的连接应可靠。采用焊接时，应符合规定；采用螺栓连接时，应符合规定，螺栓、垫圈、螺母等应为热镀锌制品，且应连接牢固。

2. 一般项目

需做等电位联结的卫生间内金属部件或零件的外界可导电部分，应设置专用接线螺栓与等电位联结导体连接，并应设置标识。连接处螺帽应紧固，防松零件应齐全。

当等电位联结导体在地下暗敷时，导体间不得采用螺栓压接。

技能训练

1. 阅读图 5-32 所示卫生间局部等电位联结施工图，说明卫生间局部等电位联结的方法。

2. 按图 5-33 制作等电位联结端子板。

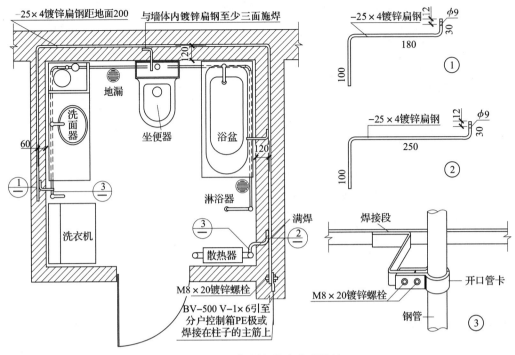

图 5-32　卫生间局部等电位联结施工

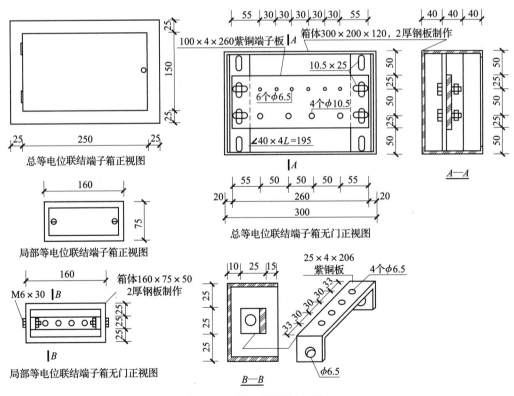

图 5-33　等电位联结端子板

思考练习题

1. 简述防雷装置的组成。
2. 引下线的作用是什么？
3. 接闪器质量验收的主控目标有哪些？
4. 接地装置施工内容是什么？
5. 接地装置施工时准备的机具和材料有哪些？
6. 接地极安装应符合哪些要求？
7. 简述接地电阻的测量方法。
8. 简述总等电位联结的施工要点。
9. 简述卫生间局部等电位联结的施工内容。